LES

HUITRES

PAR

L'ABBÉ X. MOULS

Curé d'Arcachon, Chevalier de la Légion d'Honneur,
Membre de plusieurs Sociétés savantes.

TROISIEME ÉDITION

PARIS	BORDEAUX
LIBRAIRIE AGRICOLE	FÉRET, LIBRAIRE
de la Maison Rustique	n° 15
26, RUE JACOB	COURS DE L'INTENDANCE

1866

LES HUITRES

(C.)

Bordeaux. — Imp G. Gounouilhou, r. Guiraude, 11.

LES

HUITRES

PAR

L'ABBÉ X. MOULS

Curé d'Arcachon, Chevalier de la Légion d'Honneur,
Membre de plusieurs Sociétés savantes.

TROISIEME ÉDITION

PARIS

LIBRAIRIE AGRICOLE
de la Maison Rustique
26, RUE JACOB

BORDEAUX

FÉRET, LIBRAIRE
n° 15
COURS DE L'INTENDANCE

1866

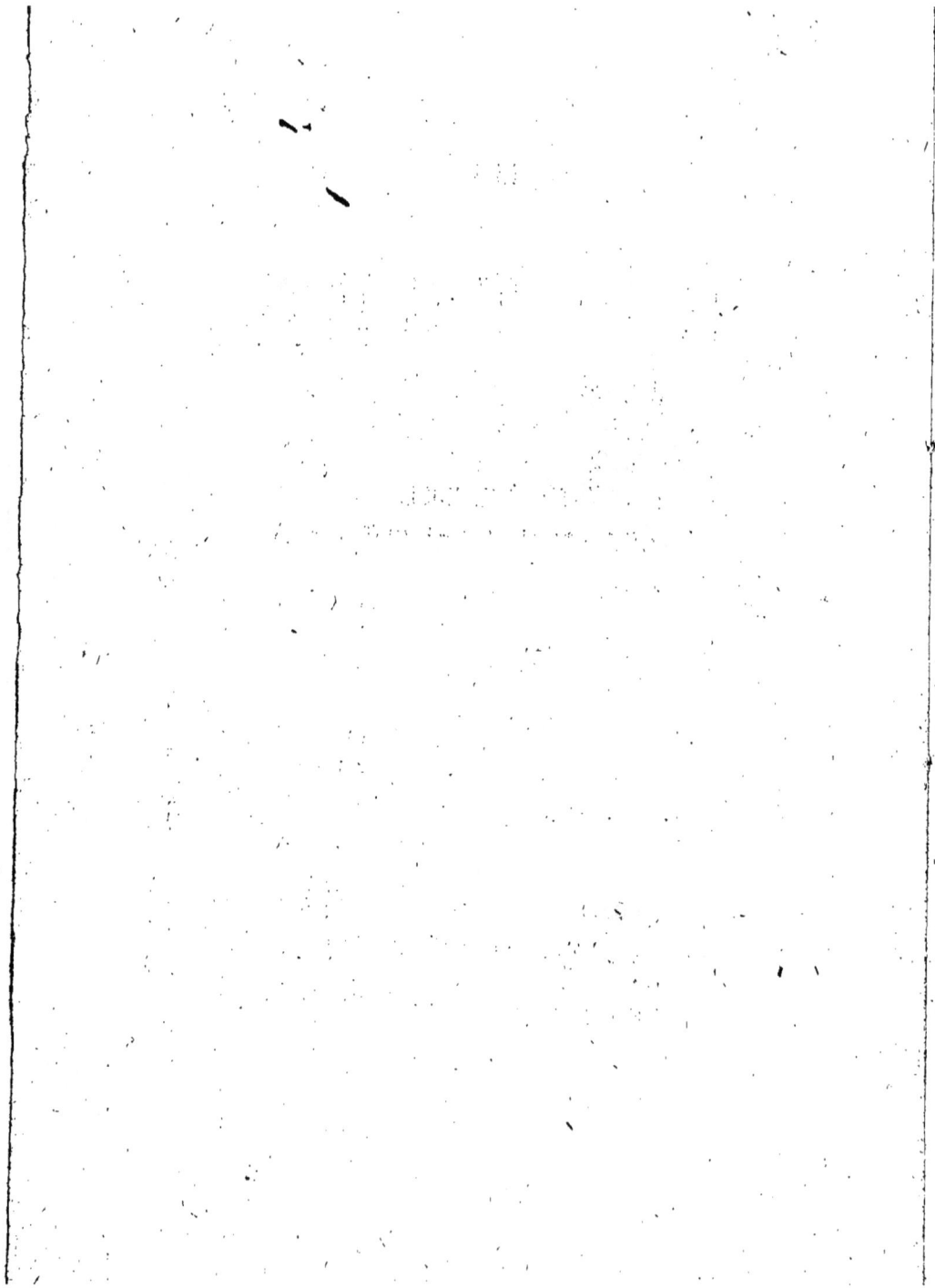

LES HUITRES

I

Les huîtres en général.

DÉFINITION.—L'étymologie du mot *huître*
est dans le mot latin *ostreum,* coquillage.

L'huître est un *mollusque acéphale,* de la
classe des *Bivalves,* avec coquille adhérente,
inégale, irrégulière.

Les *Mollusques,* classe innombrable, sont
des animaux mous, mucilagineux, non sy-
métriques, dépourvus de squelette intérieur
ou extérieur, mais enveloppés d'une peau
musculaire appelée *manteau,* à la surface de

1

laquelle se développe une coquille composée d'une ou de plusieurs pièces ou valves, ce qui leur a fait donner le nom commun de *coquillages*.

Acéphales (*a* privatif, et *Képhalè*, Tête). — Le caractère fondamental de cette classe des mollusques est d'être dépourvus de tête. Ils manquent aussi de bras, ce qui les distingue des Brachiopodes. L'huître est le genre type de cette classe.

Bivalves. — Ce mollusque acéphale est composé à l'extérieur de deux pièces ou battants.

Ces deux battants sont toujours inégaux : l'inférieur est concave et le supérieur presque plat. Réunis ensemble par une charnière sans dents, avec une fossette oblongue sillonnée en travers, ils ont un ligament. Par ce ligament, la plus grande valve est adhérente aux objets sur lesquels elle repose.

Les deux battants sont sécrétés, c'est à dire produits par deux feuillets membraneux qui les tapissent intérieurement, et que les naturalistes appellent le *manteau*.

Le manteau forme deux larges lames qui recouvrent le corps en totalité.

Les deux valves sont adhérentes aux côtés du manteau par deux muscles puissants qui servent à les rapprocher, et elles sont retenues ensemble au moyen d'un ligament élastique qui sert à les écarter quand les muscles intérieurs se relâchent.

Le point par lequel les deux valves s'articulent l'une avec l'autre, se nomme la *charnière*.

Il n'y a point de coquilles bivalves plus irrégulières et plus sujettes à varier de forme et de taille que les huîtres. Tantôt elles sont parfaitement arrondies, tantôt ovales ou très allongées, ou anguleuses dans leurs contours. Leurs valves, d'une épaisseur plus ou moins considérable, sont aplaties ou bombées, souvent même contournées; et leur surface, quelquefois unie, est ordinairement rugueuse et comme composée de feuillets brisés. Il est rare de trouver deux individus parfaitement semblables, ce qui rend la détermination des espèces extrêmement difficile.

La structure du test est lamelleuse; les lames, faiblement adhérentes les unes aux autres, se recouvrent et se débordent successivement, et présentent à l'extérieur des feuillets plus ou moins frangés : ce sont ces lames, dont les accroissements sont très inégaux, qui modifient leur forme à l'infini. Cependant, en choisissant des individus qui n'aient été gênés dans leur développement par aucun obstacle ni par aucun accident, on peut en général reconnaître des types assez caractérisés pour établir des distinctions spécifiques réelles et constantes. Dans toutes les espèces, la valve inférieure est large, épaisse, et sa concavité est plus ou moins remarquable. La valve supérieure, plus petite, plus mince, est en général plate et parfois comme operculaire. Il n'y a aucune dent à la charnière; mais seulement au sommet de chaque valve on trouve une cavité dans laquelle se loge le ligament. Cette partie, appelée le *talon*, est quelquefois très allongée dans la valve inférieure; elle doit son accroissement à des déplacements successifs du ligament, qui se recule, ainsi que la valve supérieure, dans le développement général, observation dont on trouve déjà un exemple dans le genre spondyle. Ce ligament, qu'on ne voit jamais au dehors, mais qui n'est cependant pas tout à fait intérieur, est coriace, noirâtre, et aplati; il a de l'élasticité tant qu'il conserve sa fraîcheur, et il devient fragile en se desséchant.

Espèces. — Parmi les diverses espèces d'huîtres, on distingue deux formes principales que Lamarck a proposé de prendre pour base de deux divisions à faire dans ce genre. Les unes sont droites ou à peu près, et à bords simples et unis : telle est l'*huître commune*. D'autres sont plus ou moins arquées et ont leurs bords plissés ou en forme de crête : ce sont celles qu'on nomme dans les collections *huîtres plissées*.

Couleur. — Les couleurs des huîtres n'ont rien de remarquable; elles sont en général blanchâtres ou grisâtres à l'extérieur, quelquefois lavées de roux, ou présentant quelques lignes irrégulières d'une teinte plus foncée. Généralement, à l'intérieur, elles sont nacrées.

Ces coquillages sont toujours adhérents et se fixent dès leur naissance, non point par un byssus, mais par leur test même, qui se soude à l'aide du gluten sécrété par l'animal, sur les rochers et les corps submergés qui ont des aspérités et ne sont point couverts de vase. Le point d'attache est en général près du sommet de la valve inférieure sous le talon. La plupart des espèces s'établissent sur les rochers et dans des fonds pierreux ou coquilliers; quelques-unes semblent s'attacher de préférence aux racines et aux branches des arbres qui garnissent le rivage et que la marée peut atteindre. A l'embouchure de plusieurs fleuves d'Amérique et des Grandes-Indes, on voit des groupes d'huîtres suspendus comme des grappes de raisins, et agités par le vent lorsque la mer se retire; on les désigne généralement sous le nom d'*huîtres de Mangliers*.

Les huîtres se réunissent fréquemment sur d'autres coquilles, sur des madrépores; souvent même, quand elles manquent d'une base solide pour se fixer, elles s'entassent les unes sur les autres et forment des bancs d'une longueur et d'une épaisseur considérables. On en voit sur certaines côtes sablonneuses, qui ont une étendue de plusieurs lieues, et dont l'aspect, la confusion et la solidité peuvent donner l'idée des bancs coquil-

liers qui se trouvent dans l'intérieur de nos
continents.

Les huîtres, ainsi fixées par le *talon* de
leur valve inférieure, passent leur vie sans
se déplacer et sans pouvoir exécuter d'autre
mouvement que celui de fermer et d'ouvrir
leur coquille; encore ce dernier n'exige-t-il
aucun effort, puisqu'il leur suffit de relâcher
le muscle intérieur qui les unit aux deux
valves, pour que l'élasticité du ligament les
fasse s'entr'ouvrir.

Dans cet état, l'eau de la mer, chargée de
molécules nutritives animales ou végétales,
s'introduit dans la coquille et apporte à l'a-
nimal les aliments qu'il ne pourrait atteindre
autrement.

Instinct. — Des facultés aussi bornées
semblent placer les mollusques au dernier
degré de l'échelle des êtres, et feraient croire
qu'ils sont entièrement privés d'intelligence.
On prétend cependant qu'il n'en est pas
ainsi : un fait assez curieux, constaté sur les
huîtres du rivage, pourrait, s'il est bien
certain, en fournir la preuve. Ces huîtres,
exposées à l'alternative journalière des hau-

tes et basses marées, semblent avoir appris qu'elles seront à sec un certain temps, et conservent de l'eau dans leur coquille beaucoup plus que celles qui sont constamment submergées. Cette particularité les rend plus transportables à de grandes distances que les huîtres pêchées loin du rivage, et qui, manquant de cette expérience, rejettent l'eau qu'elles contenaient. Plusieurs observateurs assurent qu'elles ont, dans certains cas, la faculté de changer de place, et que si elles se trouvent détachées et libres, elles peuvent avancer en frappant l'eau vivement de leurs valves et plusieurs fois de suite. Somme toute, l'huître *bouge, mais ne marche pas.*

Ennemis. — L'homme le meilleur a des ennemis, ce qui fait peu d'honneur à l'humanité.

Dans sa paisible demeure, l'huître qui ne va jamais se placer sur le chemin de qui que ce soit et qui n'attaque personne, a aussi les siens : ce sont les *étoiles de mer,* les *moules,* les *pétoncles,* les *crabes* et surtout le *courmailleau (nassa reticulata).*

Les trois premiers entassent vase sur vase

autour de la patiente et l'étouffent sous des monceaux de boue. Le crabe est d'une habileté incomparable. Plusieurs naturalistes dignes de foi attestent, comme témoins oculaires, le fait suivant : Le crabe épie le moment où l'huître, pour recevoir l'aliment apporté par la mer, ouvre les battants de son habitation ; avec sa patte il place adroitement entre les deux valves une petite pierre qui les empêche de se joindre. L'huître, malgré ses efforts, est impuissante à refermer sa demeure. Le crabe y pénètre, lui donne la mort et fait un festin délicieux. Quel stratagème ! quel génie !

Mais voici le plus redoutable ennemi des huîtres : le *nassa reticulata.* Il s'attache aux valves de l'huître sur le battant supérieur ; il y fixe sa demeure, se colle contre le test, y adhère fortement ; puis, à l'aide de sa trompe, il perce l'huître avec plus de précision et de régularité qu'une vrille. Tout lui est bon : le suc de la coquille et surtout l'animal lui-même. Que de victimes ne fait-il pas tous les jours !

Ainsi, pendant qu'avec sa coquille elle oppose par son extérieur raboteux une for-

teresse inexpugnable aux plus redoutables
tyrans des eaux, l'huître est à la merci du
nassa reticulata, etc., etc.

ANATOMIE. — Nous avons parlé de la coquille ; étudions maintenant l'être vivant
qu'elle renferme. Attachons-nous à en faire
l'anatomie. Quel monde de merveilles dans sa
constitution, dans la *formation,* la *naissance*
et les *développements* de sa couvée !

Lorsque les valves sont entr'ouvertes, on
aperçoit le manteau qui s'étend sur leurs
bords sans pouvoir saillir en dehors ; il est
fort mince, divisé en deux lobes distincts
dont chacun tapisse les parois intérieures de
chaque valve. Le tour de ces deux lobes est
garni d'un rang de cils ou filets simples
assez longs et distribués également. Outre
cette frange, on trouve à une petite distance
et parallèlement au contour du manteau une
sorte de bourrelet sillonné et relevé de petits tubercules arrondis. Pour séparer les
deux valves, il faut rompre le muscle qui les
attache au corps de l'animal, et qui laisse
une seule impression sur chaque valve vers
le milieu de la longueur.

En écartant les lobes du manteau, on découvre quatre feuillets membraneux, demi circulaires, qui sont les branchies pour la respiration. Disposées comme les feuillets d'un livre, et composées chacune d'un grand nombre de tubes très déliés, elles s'étendent depuis la bouche jusque vers le tiers de la partie postérieure du corps. Tous ces tubes aboutissent à un canal commun qui entoure les branchies postérieurement; et ce canal sert de communication entre l'organe respiratoire et le cœur. Le cœur, garni de deux oreillettes, est entouré d'une membrane contiguë au grand muscle qui retient les valves : il est *aortique*. En anatomie, on appelle *cœur double* celui qui est composé d'un double appareil, lequel d'une part lance le sang au poumon, et d'autre part le distribue à toutes les parties du corps. Les cœurs de tous les animaux de l'ordre supérieur, comme l'homme, l'agneau, le poulet, sont doubles. Celui de l'huître est simple. Ses pulsations sont très sensibles à l'œil nu; elles ne sont point isochromes, et il y a même des moments d'interruption totale, surtout lorsque le mollusque est hors de son élément naturel.

La *bouche*, située vers le sommet des valves, est une simple ouverture assez grande, entourée de quatre feuillets charnus, qui sont probablement des organes particuliers du tact : une petite valvule dentelée, placée dans l'œsophage, fait l'office de langue et doit servir à retenir les aliments ; viennent ensuite, à une très petite distance, un premier *estomac* dont la surface interne est ridée irrégulièrement, et un second estomac plus allongé, en forme de sac, d'où part un intestin qui, après avoir contourné le premier estomac et la masse du foie, vient se terminer par un *rectum* qui flotte sous le manteau à la partie postérieure du corps. Ce *rectum* ne traverse pas le cœur, comme dans le plus grand nombre des acéphalés. L'extrémité du corps, près de la charnière, renferme le *foie*, qui enveloppe le premier estomac. L'estomac est composé de plusieurs petits trous qui servent à y conduire la bile produite par ce foie très volumineux, et que l'on reconnaît à sa couleur verdâtre.

La couleur générale du manteau est le blanc sale ; ses bords, frangés, sont noirâtres.

Le corps ne peut faire saillir au dehors

aucune de ses parties, et n'est point muni
de cet organe linguiforme servant de pied
dans un grand nombre de bivalves libres. La
constante immobilité de l'huître rendrait
inutile ce moyen de locomotion.

Ainsi, l'anatomie de cet étrange animal,
dépourvu de tête et de pieds, nous révèle
qu'il possède :

Un système nerveux;

Une bouche;

Un appareil de digestion;

Un appareil de respiration;

Un système vasculaire très curieux;

Ajoutons un appareil encore plus curieux
de reproduction.

L'huître est complètement hermaphrodite
et se reproduit d'elle-même sans aucun concours extérieur. De là résulte l'impossibilité
d'obtenir de nouvelles races par le croise-
ment, et de les propager par des fécondations artificielles. Du reste, la fécondité
propre à ce mollusque rendrait ce dernier
moyen superflu. La quantité d'œufs qu'il
produit est immense; ils s'élèvent certainement à plusieurs centaines de mille à chaque
ponte. Or, il est possible qu'elle en opère

plusieurs dans une seule saison, comme semble l'indiquer la réapparition des éléments de la reproduction pendant que l'huître contient des embryons en incubation dans ses branchies. Quoi qu'il en soit, la fécondité de ce mollusque arrive à des proportions extrêmement remarquables : un ou deux millions de sujets annuellement.

L'huître fraie de mai en septembre. Elle n'abandonne point ses œufs, à la manière d'un grand nombre d'animaux marins, mais les retient, les garde, les protège jusqu'à ce qu'ils aient acquis un certain degré de développement. Maintenus par les lobes du manteau, répandus entre les lames branchiales, les ovules y sont plongés dans une substance muqueuse sécrétée par ces organes, et qui est nécessaire à leur évolution et à leur accroissement.

Les ovules et les embryons agglomérés dans le manteau de l'huître forment une sorte de bouillie blanchâtre, à laquelle on a donné le nom de *lait* ou de *frai*. Le frai, d'un blanc de lait pendant un certain temps, prend une teinte légèrement violacée et même brunâtre, lorsque les ovules dont il

est presque entièrement composé sont transformés en embryons, pourvus d'une coquille
plus ou moins colorée, qui paraît de très
bonne heure, et qui contient du carbonate
de chaux.

Après un travail d'un mois environ, l'huître rejette ces embryons munis d'une coquille et d'un appareil locomoteur qui leur
permet de s'éloigner et de se répandre sur
les corps voisins. Cet appareil est aussi un
organe de respiration et peut-être même
d'audition, mais surtout de vision; car
comment comprendre sans l'organe de la
vue, quoique rien ne le révèle au microscope,
les admirables évolutions des embryons?

« Rien n'est plus curieux et plus intéressant, dit M. Davaine, dans ses *Recherches
sur la génération des huîtres*, p. 39, que de
voir sous le microscope ces petits mollusques
parcourir la gouttelette d'eau qui les réunit
en grand nombre, s'éviter mutuellement, se
croiser en tous sens avec une merveilleuse
rapidité, sans se heurter, sans se rencontrer
jamais. La petite huître ne se sert de son
appareil que pour nager, et jamais pour
marcher ou ramper; jamais non plus les cils

qui la recouvrent ne suspendent leurs mouvements vibratoires.

» La base de l'appareil locomoteur se rétrécissant graduellement, cet organe devient de plus en plus proéminent et n'est bientôt plus attaché que par un pédicule assez mince. Néanmoins, il entraîne encore l'embryon à sa remorque. Enfin, ce dernier lien se brise, et la petite huître tombe et reste immobile, tandis que son appareil, vivement agité par le mouvement de ses cils, continue à circuler dans le liquide ambiant; mais alors, organe aveugle et sans volonté directrice, il se jette sur tout ce qu'il rencontre, roule sur lui-même, sur la lame de verre, jusqu'à ce que, arrêté par quelque obstacle, il manifeste néanmoins longtemps encore sa vitalité par l'agitation de ses cils. »

A l'époque de la chute de l'appareil locomoteur, la coquille de l'embryon n'est point symétrique, mais ses deux valves sont semblables. L'appareil, qui est à la fois un appareil de préhension, de respiration et de locomotion, détermine par sa chute, dans l'état de l'embryon, des changements en rapport avec ces trois fonctions. On voit apparaître alors des lèvres pour saisir les aliments, un estomac pour les digérer, des viscères, et aussi des branchies pour respirer. Le cœur se révèle; la vie semble s'éveiller avec énergie; le cœur se met à battre, et ses battements accélérés se règlent à mesure que l'animal grandit. Mais aucun organe ne vient accomplir la troisième fonction du locomoteur, et l'huître est condamnée pour toujours à l'immobilité.

Il paraîtrait que, dans les premiers jours de ce nouvel état, la croissance de ces mollusques est très rapide, et qu'en général un an leur suffit pour devenir adultes. Elle varie beaucoup, selon la nature des eaux et des fonds : tandis que, dans certains parages naturellement ingrats, il leur faut quatre ou cinq ans pour être *marchandes,* c'est à dire avoir six à sept centimètres de diamètre; dans d'autres, vingt-cinq ou trente mois suffisent.

Les huîtres sont alors un mets délicieux. Cet aliment est très estimé depuis un temps immémorial; les plus anciens naturalistes en ont parlé. Incontestablement c'est aux Romains, qui les faisaient venir à grands

frais des lieux où elles abordaient, que nous
devons la première idée de parquer les huîtres. Apicius avait un moyen pour les engraisser et les conserver longtemps hors de
leur élément. Il en envoya d'Italie à Trajan,
jusque dans le pays des Parthes. On trouve
dans les anciens auteurs plusieurs passages
qui prouvent jusqu'à quel point on les estimait et on les soignait. Pline a eu soin de
transmettre à la postérité le nom du premier
Romain (Sergius Orata) qui posséda un vivier
pour les engraisser et les conserver. « Sergius Orata, homme riche, élégant, d'un
commerce agréable, et qui jouissait d'un
grand crédit, imagina d'organiser des parcs
d'huîtres et de mettre ce mollusque en re-
nom. Il fit venir ces huîtres de Brindes, et
persuada à tout le monde que celles qu'il
élevait dans le lac Lucrin y contractaient
une saveur qui les rendaient plus estimables
que celles de l'Averne, ou même que celles
des contrées les plus célèbres. Son opinion
prévalut avec un telle rapidité que, pour
suffire à la consommation, il finit par occuper presque tout le pourtour du lac Lucrin
de constructions destinées à les loger; s'em-

parant ainsi du domaine public avec si peu
de ménagements, qu'on fut obligé de lui
intenter un procès pour le déposséder de son
usurpation. Au moment où lui survint cette
mésaventure, et pour exprimer le degré de
perfection où il avait amené cette industrie,
on disait de lui, par allusion aux bains suspendus dont il fut aussi l'inventeur, que si
on l'empêchait d'élever des huîtres dans le
lac Lucrin, *il saurait bien en faire pous-
ser sur les toits.* » (Extrait de M. Coste,
p. 90.)

Macrobe assure qu'on en servait aux pon-
tifes romains dans tous leurs repas. Celles
de l'Hellespont, du détroit de Cumes, et
surtout du lac Lucrin, étaient vantées, et
l'épicurien Horace a célébré dans ses vers
celles de Circé. Mais on ne dit pas que les
Romains, qui avaient poussé si loin le luxe
de la table, donnassent la préférence aux
huîtres vertes, ni même qu'ils les connussent.

Examinons maintenant leur importance.
Indépendamment d'une albumine abondante
et de peu de cohésion, elles contiennent de
la gélatine, des sels, de l'ormazôme, du fer,
et surtout du phosphore.

Au point de vue hygiénique, les huîtres fournissent sur un grand nombre de côtes une nourriture extrêmement abondante, très saine et généralement recherchée. Cet aliment est d'une facile digestion, peu nourrissant, et semble plutôt exciter l'appétit que le satisfaire. Voici le jugement porté par Brillat-Savarin, juge compétent en cette matière : « Le coquillage et spécialement les » huîtres, fournissent peu de substance nu- » tritive; c'est ce qui fait qu'on en peut » manger beaucoup sans nuire au repas qui » suit immédiatement. »

L'huître, dit le docteur Cottin dans son journal la *Santé universelle,* est un aliment nourrissant, sain et léger, de très facile digestion, aliment convenable dans les maladies chroniques et dans les convalescences, à l'exception des cas où l'intestin est irritable. L'eau, ou plutôt la sécrétion que contiennent les huîtres, en facilite beaucoup la digestion; mais cette eau paraît stimuler un peu l'intestin à la manière de certaines eaux minérales. Elles conviennent à tous les tempéraments, à tous les âges, mais surtout dans toutes les affections des voies respiratoires, pendant le cours desquelles sont permis les aliments. Elles conviennent notamment aux scrofuleux, aux goutteux, aux chlorotiques, etc., etc.

M. le docteur Sainte-Marie a écrit une dissertation sur les huîtres comme régime des malades et comme *médicament*. Après avoir parlé de l'alimentation difficile des convalescents échappés à des maladies graves et avoir rappelé tous les hors-d'œuvre usités en pareille circonstance, friandises stimulantes et bouillons légers, ou confortables de toutes sortes, l'auteur ajoute :

« Mais les huîtres me paraissent préférables à ces nourritures; je ne connais aucune substance qui se digère mieux et qui nourrisse davantage; les huîtres sont presque le seul aliment qui convienne lorsque rien ne passe encore. Elles sont la nourriture à préférer lorsque, par la dégénération squirrheuse du conduit alimentaire dans quelqu'une de ses parties, rien ne passe plus. »

Et plus loin (p. 27) : « Je les ai souvent prescrites comme aliment dans les divers états de consomption, et elles ont opéré des changements si salutaires, que je les ai in-

diquées quelquefois dans la phthisie pulmo-
naire, comme un remède qu'aucun autre
n'était capable de remplacer. »

L'observation que M. Sainte-Marie cite à
l'appui de cette dernière assertion est d'autant plus remarquable que le succès a été
obtenu sous l'influence du régime des huîtres
substituées à tout autre aliment et à tout
autre remède.

Il y a, au point de vue médical, deux
choses à considérer dans l'huître : le corps
qui est l'aliment, et l'eau qui est le médicament.

L'eau qui est habituellement contenue
dans la coquille n'est pas de l'eau de mer
pure; elle a été modifiée par ses rapports
avec l'animal. D'abord elle a servi à la respiration : l'air qu'elle contenait en dissolution a été utilisé pour artérialiser le sang
dans les branchies; et une partie des sels
qui entrent dans sa composition a été ab-
sorbée pour faire partie du corps de l'huître
et pour fournir les éléments de sa coquille.

L'huître prend donc quelque chose de
cette eau, et c'est pour cela qu'elle est indis-
pensable à sa vie quand on la transporte à

de grandes distances. Semblable au cha-
meau, l'huître vit alors de la provision de
liquide qu'elle avait en réserve. Mais à son
tour elle lui rend sans doute quelques-uns
des éléments de ses excrétions qui, en leur
qualité de substance animale, peuvent alors
communiquer à cette eau une qualité nu-
tritive. C'est une sorte de sérosité animale
qui a perdu le goût amer et nauséabond de
l'eau marine; le palais le moins délicat peut
constater cette différence.

Cette eau est *excitante* et apéritive : elle
stimule l'appétit et facilite la digestion.

C'est une eau minérale et animale.

Plusieurs médecins ont reconnu qu'elle
réussissait très bien aux personnes dont les
digestions sont laborieuses.

On l'a aussi employée avec non moins de
succès dans les cas d'engorgement des viscères et à titre de fondant.

Un ancien médecin, le Dr Bodin, envoyait
ses malades chercher de l'eau d'huîtres chez
les marchands de la rue Montorgueil, et ils
en buvaient cinq à six cuillerées à bouche,
et plus, chaque jour. Sans doute, les malades
que soignait le Dr Bodin n'étaient pas encore

atteints d'une affection squirrheuse très avan-
cée, car il y aurait lieu de douter alors du
succès de ce moyen comme de tout autre.

Mais, dans cette supposition même, je
crois bien que l'eau d'huîtres est préférable
aux eaux minérales de Vichy, de Barèges, etc.,
dont on se sert habituellement.

D'une manière générale, la chair de l'huître
convient surtout dans deux conditions principales : dans le dépérissement général, lorsque les malades ont besoin d'une nourriture
qui s'absorbe facilement, et dans les affections
où il importe d'administrer des aliments à
une température froide.

C'est un aliment précieux dans la conva-
lescence de quelques maladies. Lorsque rien
n'est encore digéré, on voit les malades
prendre avec plaisir une douzaine d'huîtres
et s'en trouver très bien.

« Elles conviennent donc toutes plus ou
» moins aux sujets affaiblis. Par leurs vertus
» enfin elles fournissent, suivant le langage
» de M. Réveillé-Parise, le premier degré de
» l'échelle des plaisirs de la table, réservés
» par la Providence aux estomacs délicats,
» aux malades et aux convalescents. Manger

» des huîtres, ainsi que le démontre le spiri-
» tuel auteur de la *Diète ostrée,* est à la fois
» une hygiène physique et morale : c'est
» pratiquer cette bienfaisante médecine par
» l'alimentation, cette thérapeutique gastro-
» nomique que doivent à l'humanité les
» docteurs les plus instruits et les plus gour-
» mands. » (*Journal de Chimie et Pharm.,*
1863, p. 555.)

On distingue dans le commerce, *relative-
ment à la qualité,* trois sortes d'huîtres
fournies par l'*espèce commune :*

1° Les huîtres de drague, ainsi nommées
de l'instrument ou filet armé de fer avec
lequel on les arrache. C'est dans l'Océan et
dans les mers intérieures, au fond des ché-
neaux qui jamais ne se découvrent, qu'on
pêche ces huîtres énormes connues sous la
dénomination de *pied de cheval.* Semblables
aux autres par la forme, elles en diffèrent
par la dimension et le goût. Durcies par l'âge,
elles n'ont point le goût agréable des huîtres
ordinaires. Crues, elles sont moins bonnes
que cuites ou marinées. Il s'en fait une
grande consommation, surtout dans le nord
de la France, à Caen et à Rouen.

Les huîtres dites d'Ostende, mais qui viennent d'Angleterre et sont manipulées à Ostende, si recherchées à Paris, peuvent être regardées comme le type des petites huîtres. Élégantes dans la forme, nacrées, transparentes, elles sont délicieuses.

Les huîtres moyennes ont de six à neuf centimètres de diamètre. Cette catégorie est la plus nombreuse et la plus variée. On y distingue surtout les gravettes et les huîtres vertes.

Les détails que nous donnerons plus loin sur la gravette du bassin d'Arcachon, qui est très connue dans le Midi de la France et principalement à Bordeaux, nous dispensent d'entrer plus avant dans cette matière. Nous allons nous occuper des huîtres vertes.

Les huîtres vertes sont dues à un procédé artificiel : pour les faire verdir, on les dépose doucement, avec ordre, sans les entasser, dans un parc bien nettoyé et garni de galets couverts d'un léger dépôt verdâtre de mousse marine. Tandis que, dans les parcs d'huîtres blanches, il n'y a pas d'inconvénient à laisser entrer l'eau salée, ici toute communication avec la mer doit être sévèrement interrompue, excepté aux nouvelles et pleines lunes, où il est permis d'introduire à peu près un quart du volume d'eau que renferme le dépôt. L'expérience a démontré que les huîtres ne verdissent jamais dans les lieux où l'eau monte à chaque marée ou bien se renouvelle entièrement aux nouvelles et pleines lunes. Elles se colorent plus promptement lorsqu'on les laisse cinq ou six heures sur les bords du parc, avant de les y introduire. Altérées, elles boivent avec avidité et verdissent sans retard, souvent en vingt-quatre heures. Un mois suffit pour leur donner une teinte très foncée. Les mois tempérés, comme avril, mai, septembre et octobre, sont les plus favorables. Elles l'acquièrent mieux au printemps qu'en automne, rarement en été, jamais en hiver. Un temps orageux et une pluie douce sont excellents. Si l'eau est agitée par les vents du nord, elles restent blanches. Remises dans la mer, les huîtres verdies en mars et en avril reprennent leur couleur naturelle; celles d'automne demeurent vertes en hiver. Toutes les années ne favorisent pas également le procédé dont nous parlons. Il est bien rare que le même parc colore les huîtres deux fois par an.

Les auteurs ne sont pas d'accord sur l'origine du principe colorant des huîtres vertes. Les uns prétendent que c'est le sol lui-même qui le contient; d'autres, que c'est un animalcule *(Vibrio ostrearius)* ou certaines algues qui le donnent; d'autres enfin l'attribuent à une sorte d'ictère ou à une maladie du foie, dont la sécrétion surabondante teindrait en vert le parenchyme de l'appareil respiratoire des animaux, influencés par le régime auquel on les soumet dans les claires. De ces trois opinions, celle qui attribue à la nature du sol le pouvoir de verdir semblerait la plus conforme au véritable état des choses. C'est du moins ce que tend à établir l'analyse comparative des terres prises dans les claires qui verdissent et dans celles qui n'ont point cette propriété.

Il importe d'observer que, grandes, moyennes ou petites, toutes les huîtres blanches doivent généralement, avant d'être livrées à la consommation, avoir séjourné quelque temps dans un parc pour se délivrer du goût de vase âcre et bitumineux qu'elles ont dans la mer, et s'engraisser à la manière des oiseaux dans une volière. Ces parcs sont ordi-

nairement des réservoirs de quelques pieds
de profondeur, garnis de galets et de sable,
à parois en talus. Communiquant avec la
mer, l'eau de ces réservoirs se renouvelle à
chaque marée. On reconnaît que les huîtres
ont été suffisamment parquées, lorsque l'extérieur de leurs valves, après des manipulations répétées, est devenu moins rugueux et
se trouve poli.

Les huîtres sont-elles partout et toujours
bonnes? Elles doivent être prises en *temps,*
manière et *lieux* convenables. Vivantes et
abondamment pourvues de leur eau, elles
sont bonnes, parce qu'elles se trouvent fraî-
ches. Disons toutefois que mangées quelques
heures après avoir été recueillies dans les
parcs, elles sont meilleures qu'en sortant de
l'eau; dans ce dernier cas, elles ont goût de
vase âcre et bitumineux. Privées de leur
fraîcheur et mortes, elles deviennent repous-
santes pour tout le monde. On peut les manger *crues, cuites, marinées,* et sous forme
le médicament. Crues, elles sont meilleures
qu'autrement; toutefois, il importe de s'en
abstenir à l'époque du frai, c'est à dire aux
mois de mai, juin, juillet et août. Ce n'est

pas un préjugé de croire qu'il faut y renon-
cer pendant les mois qui n'ont point la lettre
R : alors les huîtres mères, se trouvant remplies d'un liquide laiteux, sont malsaines et
mauvaises ; mais celles qui ne fraient pas
font exception à la règle. Pour les reconnaître, on choisit le moment où la marée mon-
tante les invite à ouvrir leurs valves pour
prendre leur nourriture ; en sentant la main
qui les saisit elles se fermeront : celles qui
rejetteront le frai sont malsaines et peuvent
causer des douleurs d'entrailles. On peut
manger sans danger les autres, mais on les
trouve maigres, coriaces, dépourvues de saveur par suite des pontes et des chaleurs de
l'été. Cet aliment n'est véritablement délicieux qu'en hiver. Le milieu dans lequel
elles vivent peut occasionner quelquefois des
accidents plus ou moins sérieux et détermi-
ner un véritable empoisonnement. Il importe
de se tenir en garde contre le voisinage des
mines de cuivre ou la présence des navires
doublés en cuivre et donnant asile, sous leur
coque, à des huîtres multipliées.

MM. *Chevalier* et *Dufresne* ont fait à ce
sujet l'expérience suivante : treize huîtres

ont été recueillies, à Toulon, sur des navires doublés en cuivre : elles présentaient une couleur verte qui a été reconnue pour être due au cuivre. Leur chair pesait 140 grammes, et à l'analyse chimique elle a fourni 7 centigrammes d'oxyde de cuivre.

En résumé, les huîtres sont un aliment exquis très recherché.

Leur utilité au point de vue moral. — Le génie de l'homme est allé jusqu'à les mettre à son service pour donner d'excellents préceptes. Dès l'enfance, nous avons tous appris la fable de La Fontaine intitulée : l'*Huître et les Plaideurs*.

Quelles leçons de morale dans ces vers :

Mettez ce qu'il en coûte à plaider aujourd'hui ;
Comptez ce qu'il en reste à beaucoup de familles :
Vous verrez que Perrin tire l'argent à lui
Et ne laisse aux plaideurs que le sac et les quilles [1].

Ailleurs, l'immortel moraliste ajoute :

Il ne faudrait point tant de frais ;
Au lieu qu'on nous mange, on nous gruge ;
On nous mine par des longueurs.
On fait tant à la fin, que l'huître est pour le juge,
    Les écailles pour les plaideurs [2].

[1] La Fontaine, l. v. ix, fable 8.
[2] *Idem*, liv. 1, fable 20.

OSTRACISME. — Les coquilles de ce mollusque jouaient un rôle considérable chez les Athéniens. Ils s'en servaient pour écrire leurs suffrages et dicter leurs arrêts. Cette manière de voter s'appelait *ostracisme*. Muni d'une coquille, le citoyen d'Athènes écrivait le nom de celui qu'il voulait bannir, et déposait son suffrage dans un endroit de la place publique, qui était fermé circulairement par une cloison de bois. Les magistrats comptaient les votes : il en fallait six mille pour le bannissement.

Celui qui avait le plus grand nombre de coquilles portant son nom, était banni impitoyablement pour dix ans.

Personne n'ignore l'*ostracisme* d'Aristide, surnommé le *Juste*.

Passons à des souvenirs plus agréables : pendant cinq ou six mois de l'année, les huîtres sont l'objet de paris auxquels préside ordinairement la gaîté :

Le projet de manger des huîtres est presque toujours une partie de plaisir.

A combien de déjeuners n'ont-elles pas fourni l'esprit d'un couplet, le sel d'un bon mot, et le trait d'un madrigal.

Leurs *valves* servent à faire de la chaux d'une qualité tout à fait supérieure.

Composées en grande partie de carbonate calcaire, elles sont employées à l'amendement des terres.

Réduites en poussière, répandues sur un terrain épuisé, elles l'engraissent et lui rendent leurs sucs nourriciers, si nécessaires à la végétation.

HUITRES FOSSILES. — Un grand nombre d'espèces d'huîtres existent à l'état fossile dans presque tous les terrains, depuis la période crétacée.

Elles sont généralement *allongées, étroites, ovales.*

« La nature de leur coquille, dit M. Deshayes (cité dans les *Éléments de l'Histoire naturelle,* p. 192), est telle qu'elle a pu, en devenant fossile, résister à presque toutes les causes de destruction et de dissolution. On trouve en effet ces coquilles entières là où tous les autres tests de mollusques ont été dissous. Dans la craie, où ce phénomène se présente si fréquemment, les huîtres ont résisté à toute action de dissolution. On ne connaît d'autre exception que dans certaines couches de la craie des Pyrénées.

» Lorsque dans les couches de la terre on vient à rencontrer une masse considérable d'huîtres, dont la plupart sont encore fixées soit entre elles, soit aux corps sur lesquels elles ont vécu, on peut assurer qu'elles sont encore en place, et que le fond de la mer où elles étaient, naturellement desséché, n'a pas subi de très grands changements.»

Il est peu de mollusques dont les dépouilles soient plus généralement répandues dans les couches de la terre que celles des huîtres; aussi leurs espèces sont-elles très nombreuses; on les rencontre dans presque toutes les couches de sédiment, et elles y sont distribuées d'une manière fort régulière. Elles deviendront, lorsqu'elles seront mieux connues, d'un très grand secours à la géologie pour caractériser les formations.

Les terrains tertiaires de l'Europe contiennent un nombre considérable d'huîtres.

On trouve des bancs d'huîtres fossiles sur les coteaux qui forment la rive droite de la Garonne : à Sante-Croix-du-Mont, à

Nicole, etc., etc., sur ces coteaux qui occupaient les bords de la mer à l'époque dite *tertiaire* par les naturalistes.

Les grandes espèces des mers de l'Inde ont été connues des anciens, qui les nommaient *tridacha*, parce qu'il fallait les manger en trois bouchées.

HUITRES PERLIÈRES. — L'huître produit la *perle* et la *nacre*.

On appelle *nacre*, une substance dure, brillante, à reflets variés, qui garnit l'intérieur d'un grand nombre de coquillages.

La perle n'est autre chose que la nacre sécrétée isolément, accidentellement, sous forme de globule, dans les coquilles de certains mollusques et parfois dans l'animal lui-même.

Les coquilles d'où l'on extrait presque toute la nacre du commerce appartiennent à la famille des *ostracées*.

La nacre la plus belle est fournie par l'*aronde* perlière ou *huître perlière,* désignée quelquefois sous le nom de *mère aux perles*, parce que c'est aussi dans cette coquille que l'on trouve les perles fines si recherchées par les bijoutiers. Cette coquille, dit M. de Roissy, produit les véritables perles fines, aussi estimées que les diamants chez presque tous les peuples, et mis par le luxe au rang des ornements les plus précieux.

Ces perles sont des excroissances nacrées accidentelles qui se trouvent quelquefois dans l'intérieur des valves, où elles sont rarement libres, et où le plus souvent même elles adhèrent à la substance de la coquille.

La cause de ces protubérances n'a pas été bien déterminée jusqu'à présent : on croit qu'elles sont dues à une maladie particulière de l'animal, qui, en occasionnant une grande surabondance de la matière nacrée, la fait couler en gouttes, qui se coagulent plus ou moins régulièrement.

Quelques naturalites prétendent que l'animal accumule cette substance pour donner plus de force et plus d'épaisseur à sa coquille lorsqu'elle a été percée extérieurement par des vers marins ou qu'elle a été fracturée par un accident quelconque.

Les qualités essentielles qui constituent une belle perle sont d'être *grosse*, parfaitement régulière dans sa forme, ronde, ovale ou en poire; d'être vivante et d'avoir une belle eau, c'est à dire d'être extraite de l'animal et d'avoir une teinte blanche argentée à reflets brillants, semblables à ceux de l'opale. Alors, on dit qu'elle a *un bel orient*.

S'il est rare de rencontrer toutes ces conditions réunies, il l'est encore plus de rassembler un assez grand nombre de perles toutes du même volume également belles et bien assorties.

Le plus souvent, on ne trouve que des perles imparfaites, irrégulières, appelées *perles baroques,* ou de petits grains de différentes tailles appelés *semences de perles,* ou même des concrétions irrégulières et trop fortement attachées au test pour en être séparées.

Ce sont la forme particulière, la grosseur et la rareté, plutôt que la substance et l'éclat même des perles qui leur donnent une grande valeur; car les valves larges et épaisses de la coquille mère-perle sont infiniment moins recherchées, quoiqu'elles soient absolument formées de la même matière et qu'elles présentent intérieurement les mêmes reflets chatoyants.

Il y a plusieurs autres genres de coquilles marines dont l'intérieur nacré peut produire, dans certains cas, des excroissances semblables aux perles : telles sont les *moules,* les huîtres ordinaires, les pernes, etc., etc.

Quelques coquilles fluviatiles du genre *mulette* en fournissent aussi, mais elles sont d'une teinte laiteuse, sans éclat et peu recherchées.

L'industrie humaine pourrait-elle aller jusqu'à faire produire des perles à volonté? Il y en a qui le pensent. *A priori* cela n'est pas impossible. Certains naturalistes croient que la perle a pour origine un corps étranger, un grain de sable par exemple, qui est introduit dans l'habitation de l'animal, et autour duquel vient se déposer, par l'action du mollusque, une substance nacrée. Le grain sert alors de noyau à la perle. Quoi qu'il en soit, on peut diriger les forces de la nature. Déjà nous pouvons produire des os dans tous les tissus en y transplantant du *périoste;* or, le manteau de l'huître est du périoste.

Nous livrons au public ce sujet d'observations et d'études.

Il serait bon de faire des expériences réitérées sur des huîtres de choix du bassin d'Arcachon.

L'huître perlière, qui renferme les véritables perles orientales, se rencontre dans différents pays : dans le golfe Persique, sur les côtes de l'Arabie heureuse, sur celles du Japon, de la Californie, de l'île d'Otaïti ; mais c'est surtout dans l'Inde, dans l'île de Ceylan, dans le golfe de Manaar, qu'on trouve les plus belles. Là est établie la pêche des perles la plus célèbre et la plus lucrative.

Entrons dans quelques détails sur cette pêche, d'après les relations authentiques de plusieurs voyageurs modernes.

Le rendez-vous le plus considérable des barques occupées à cette pêche est à la baie de Condatchy, à environ douze milles de Manaar. Les bancs formés par les pintadines sont au fond de la mer, à une certaine distance du rivage, sur des rochers, où elles se tiennent attachées par leur byssus. Le plus considérable de ces bancs occupe en mer un espace de vingt milles, vis à vis de Condatchy. Pour ne pas dépouiller tous les bancs à la fois, on les soumet à des coupes

réglées, ce qui laisse aux coquilles le temps
de grossir et permet d'en faire une récolte
à peu près tous les ans. Elles atteignent en
sept ans la taille convenable, et on assure
que si on les laisse plus longtemps, les perles
non adhérentes augmentent de volume et
deviennent incommodes à l'animal, qui la
rejette alors de sa coquille.

La pêche commence au mois de février
et doit être finie au commencement d'avril.
Les pêcheurs plongent au fond de l'eau, où
ils rencontrent et enlèvent les huîtres perlières. Souvent on fait bouillir ces huîtres,
parce que les perles non adhérentes sont
quelquefois dans l'intérieur du corps et sous
les lobes du manteau.

Les perles sont toujours perforées et
enfilées dans le pays même, et les ouvriers
noirs qui sont chargés de ce travail l'exécu-
tent avec une adresse et une promptitude
remarquables.

Ce sont eux aussi qui détachent les perles
adhérentes; pour les nettoyer, les arrondir
et leur donner le poli, ils se servent d'une
poudre obtenue en écrasant des perles.

La pêche des perles de Ceylan n'est plus

aussi productive qu'autrefois, parce que le gouvernement hollandais a épuisé les bancs en les faisant pêcher trop fréquemment. Cependant le revenu qu'en tirent les Anglais est encore très considérable.

DIVERSES NUANCES. — Il y a des perles de diverses nuances. Généralement, elles sont blanches et nacrées; on en a vu de *jaunes,* de verdâtres et de noires. La différence de ces couleurs tient sans doute à la nature du sol sur lequel vivait la coquille, et aussi à ce que ces perles ont été enlevées longtemps après la mort du mollusque.

HISTORIQUE. — Les perles fines ont été de tout temps, et chez tous les peuples, recherchées, à l'égal des gemmes les plus précieuses, pour orner les couronnes des monarques, enrichir les armes et les costumes d'apparat, et servir de parure aux princesses et aux dames du plus haut rang. L'usage de ces *gouttes de rosée* durcies, comme les appellent les Orientaux dans leur langage figuré, a pris certainement naissance dans l'Asie, cette terre classique du luxe, de l'ostentation et de la prodigalité.

Il en est parlé dans le livre de Job et dans celui des Proverbes, et les poètes *sanscrits*, persans, arabes, en ont fait l'emblème de la perfection et de la beauté.

Les siècles n'ont point changé à cet égard le goût des Orientaux, qui aiment à enrichir de perles leurs turbans, leurs ceintures, leurs habits, les manches de leurs poignards, et souvent même jusqu'à leurs chaussures.

Le schah de Perse aujourd'hui régnant possède, dit-on, un long chapelet de perles, toutes à peu près de la grosseur d'une noisette.

A Rome, au temps de la décadence, l'usage en devint excessif comme celui de toutes les substances précieuses.

Les dames firent ruisseler les perles sur leur cou, sur leurs bras et dans les cheveux, et les empereurs en firent broder leurs manteaux. Les sandales de Caligula étaient couvertes de perles.

C'était renchérir beaucoup sur le faste de Jules-César, qui avait offert comme un présent magnifique à Servilie, mère de Brutus, une perle valant plus d'un million de notre monnaie, et sur celui d'Antoine, dont la royale maîtresse crut faire une extravagance vraiment digne d'un maître du monde, en avalant, dans un festin, une perle évaluée un million et demi de francs.

La couronne de France a une collection de 408 perles irréprochables, pesant chacune 16 grammes, et représentant une valeur de plus de 500,000 fr.

La plus belle perle du monde n'est qu'un mélange de carbonate et de phosphate de chaux et d'un peu de gélatine. Les acides l'attaquent et la dissolvent aisément, et certaines émanations gazeuses peuvent lui faire perdre sans retour l'éclat qui fait toute sa valeur. Voilà pourquoi, plus que les diamants, elles sont sujettes aux caprices de la mode. Ce commerce n'a plus, surtout en Europe, l'importance qu'il avait autrefois, parce qu'on est parvenu à imiter les perles d'une manière frappante. Pour ne pas s'y méprendre, il faut être connaisseur émérite.

On fabrique des *perles artificielles* ou *fausses perles*, avec la nacre ou avec des boules de verre remplies d'essence d'Orient, matière nacrée qui se compose avec des écailles d'ablette.

Les perles les plus grosses qu'on ait remar-
quées sont : celle qui fut présentée à Phi-
lippe II en 1677; elle était de la grosseur
d'un œuf de pigeon, et venait de Panama;
elle avait la forme d'une poire. On l'estimait
à cette époque 100,000 fr., ce qui équivau-
drait aujourd'hui à un million au moins.
Pline évalue la fameuse perle que Cléopâtre
fit dissoudre dans du vinaigre, dit-on (mais
à tort , car la nacre ne se dissout pas dans
le vinaigre), à une somme qui ferait près de
cinq millions de notre monnaie.

Fonds huîtriers. — Terminons cette première partie par l'examen des fonds qui peuvent convenir aux huîtres.

A l'exception des terrains *exclusivement*
vaseux, tous les autres sont plus ou moins
favorables à l'ostréiculture. Comme d'après
les données de la science l'étendue des terrains uniquement vaseux sur les rivages de
l'Océan est peu considérable, il s'ensuit que
presque tout le littoral de l'Europe et du
monde peut être transformé en une vaste
huîtrière. J'espère que la suite de ces études
démontrera cette vérité jusqu'à l'évidence.

Parmi les fonds propres à l'ostréiculture, les uns sont *émergents,* les autres ne découvrent jamais.

1° Un fonds essentiellement émergent de sable coquillier, légèrement enduit de vase, clair semé d'algues (pour nourrir ce mollusque de concert avec les matières apportées par la mer) où l'eau, par le flux et le reflux, se renouvelant sans cesse, entraîne dans son cours les dépôts malsains, et communique par son mouvement les propriétés vivifiantes d'une constante aération, est sans contredit le fonds le plus riche pour les huîtres. Elles y naissent en abondance, s'y développent en vingt ou vingt-cinq mois, et peuvent, sans préparation, sans séjour et manipulation dans des parcs, passer directement sur les marchés et sur les tables les mieux servies. Tels sont, comme nous le verrons bientôt, les avantages que présente une grande partie des terrains émergents de la baie d'Arcachon.

2° Les vasières, quand elles existent sur des rochers, peuvent être transformées en fonds huîtriers. Il suffit d'établir, avec des fragments de roches, des enceintes sur toute l'étendue de la plage envasée dont on

veut nettoyer le sol; de dresser dans cette
enceinte des pierres verticales assez rappro-
chées les unes des autres pour qu'en se
retirant, le flot, brisé contre ces obstacles,
se divise en rapides courants et entraîne la
boue délayée vers la partie déclive, où un
égout collecteur la conduit au large. Chaque
fond ainsi organisé devient un appareil de
curage que le jeu des eaux convertit en
champ de production. La semence, apportée
du large par les courants, se fixe aux roches,
aux murailles de l'enceinte, qui disparaissent
sous un immense gisement d'huîtres bientôt
marchandes.

3° Mais l'industrie peut étendre son action
jusqu'aux profondeurs de la mer, et créer,
comme à Saint-Brieuc et ailleurs, dans les
régions qui jamais ne découvrent, à une
profondeur d'eau de 15 à 20 mètres, des
champs huîtriers sur un fonds solide, naturellement propre, composé de sable coquillier
ou madréporique, légèrement enduit de
marne ou de vase, clairsemé de pailleul, et
où le flot apporte une eau sans cesse renou-
velée.

4° Ce n'est pas seulement presque tout le

littoral de l'Océan et des mers intérieures
qui peut être transformé en champs huîtriers, les étangs salés jouissent aussi de ce
privilège. Au fond de la baie de Poulmic
existe un petit étang naturel, alimenté par
la mer, et qui n'assèche jamais. En 1858,
le célèbre pisciculteur M. Coste, voulant
expérimenter ses méthodes, y fit déposer
des huîtres-mères, et obtint une merveilleuse
richesse de reproduction. La quantité et la
qualité des produits dépassèrent toutes ses
espérances.

En résumé, aliment sain et délicieux,
excepté à l'époque du frai, l'huître présente
au naturaliste tout un monde de merveilles :
son hermaphrodisme complet est tel, qu'il
n'en a point été signalé de plus parfait dans
la classe si nombreuse des mollusques, non
plus que parmi les autres animaux. La pro-
pagation par des fécondations artificielles et
l'amélioration des espèces, races ou individus par des croisements, sont impossibles,
parce que l'huître se doit tout à elle-même.
Sa fécondité annuelle est immense, et s'élève
ordinairement à un ou deux millions de
sujets, capables de peupler le littoral de

l'Océan. Presque tous les rivages des mers
et des étangs salés peuvent facilement être
convertis en véritables champs huîtriers,
d'une richesse incalculable pour les États.

II

Les huîtres en France.

Riche du côté des terres, la France ne l'est pas moins du côté des mers : l'Océan et la Méditerranée, sans parler de ses possessions extérieures, la baignent de leurs flots sur une longueur de plus de cent cinquante myriamètres.

Or, s'il est vrai de dire que presque tous les rivages de la mer sont favorables à l'ostréiculture, il faut ajouter que la France brille aux premiers rangs. L'Océan, chez nous, est d'une fertilité qui tient du prodige. Ses bords ont eu, de tout temps, des bancs d'huîtres de plusieurs kilomètres de long, et si considérables, qu'ils formaient des écueils pour la navigation. N'avons-nous pas, dès la plus tendre enfance, entendu vanter les gravelles d'Arcachon, les huîtres vertes de Marennes? La Rochelle, Cancale, Granville, en un mot toutes les côtes de Bretagne et de la Normandie, n'ont-elles pas toujours été regardées comme des greniers d'abondance et la terre classique de l'ostréiculture? C'est là que la Hollande, l'Angleterre et d'autres contrées maritimes sont venues puiser, comme à la véritable source huîtrière, pour fertiliser leurs rivages.

Toutefois, dans ces derniers temps, ces sources, qu'on croyait inépuisables, ont tari, et l'ère de la décadence a commencé. Les immenses bancs huîtriers de la baie d'Arcachon ont disparu en peu d'années. A La Rochelle, à Marennes, à Rochefort, aux îles de Ré et d'Oléron, sur vingt-trois bancs, formant naguère un trésor pour cette portion du littoral, dix-huit se trouvaient ruinés, pendant que ceux qui fournissaient encore un certain produit étaient gravement compromis. La baie de Saint-Brieuc, si naturellement et si admirablement appropriée à la reproduction des huîtres, en était démunie. A Cancale et à Granville, quartiers fameux par l'ostré culture, ce n'était qu'à force de soins et de bonne administration qu'on réussissait à modérer le déclin de la récolte. La

rade de Brest et l'embouchure des rivières
de la Bretagne offraient le même spectacle.
La décadence était complète. Plusieurs causes l'avaient amenée :

1° Plus privilégiées qu'un grand nombre
d'animaux, en quittant les valves de leur
mère, les petites huîtres sont pleines de vie
et en état de pourvoir à leur entretien.
Malheureusement, elles se trouvent assaillies
par de nombreux ennemis. « Avant qu'elles
aient touché le sol, dit M. Davaine, alors
que, par leur agglomération, elles forment
une bouillie laiteuse en suspension dans l'eau
de mer, elles deviennent la proie d'une my-
riade de poissons, de mollusques, de crus-
tacés, etc., etc., qui en détruisent des quan-
tités innombrables ; celles qui échappent à la
poursuite de tous ces ennemis, en rencontrent de nouveaux et de plus nombreux
encore sur les pierres, sur les coquilles, sur
les plantes où elles doivent se fixer. Tous ces
corps, en effet, la coquille maternelle même
qui les protégeait, sont recouverts de serpu-
les, de balanes, etc., de polypes incalcula-
bles, superposés toujours les uns aux autres,
et dont les cirrhes toujours agités, dont les

tentacules toujours tendus, saisissent et engloutissent ces embryons lorsqu'ils arrivent à leur portée. Enfin, lorsque les petites huîtres se sont fixées et que leurs valves ont acquis une consistance capable de les protéger contre ces ennemis, il en est d'autres, comme les astéries, les crabes, etc., qui les surprennent dans leur coquille entr'ouverte et les dévorent. »

2° Leur prodigieuse fécondité aurait résisté longtemps encore à ces œuvres générales de destruction; mais d'autres causes non moins terribles en accéléraient la ruine : *les abus de la pêche, aggravés par l'incurie, mettaient le comble à la dévastation.* Les bancs huîtriers n'étant l'objet d'aucun soin, il en résultait qu'ici, comme dans l'île de Ré, les huîtres se trouvaient envahies par leurs ennemis, les moules; que là, comme dans la rade de Brest, c'était l'envahissement non moins redoutable du maërle. Ailleurs elles étaient étouffées dans la vase. Nulle part, à l'exception de Granville et de Cancale, les champs huîtriers n'étaient soumis au régime si salutaire des coupes réglées. On ne respectait même pas l'époque du frai : tandis

que les polypes, la vase, les courants détrui-
saient des millions d'embryons, les pêcheurs
complétaient la ruine par la destruction des
huîtres adultes, sans s'occuper des petits
sujets qui avaient trouvé un asile sur les
valves de leurs mères.

3° Malgré toutes ces causes de mort, la
décadence avait fait de moins rapides pro-
grès dans la rade de Brest, à l'embouchure
des rivières de la Bretagne, à Cancale, à
Granville et dans la baie d'Arcachon, par
suite de la fertilité de ces parages. Mais la
nécessité d'aller leur demander ce qui man-
quait ailleurs, les poussait visiblement vers
leur ruine.

4° De plus, pendant que l'industrie s'affai-
blissait ou restait stationnaire, les voies fer-
rées multipliant les communications de notre
littoral avec l'intérieur des terres, le bien-
être des populations croissant de jour en
jour, appelaient un plus grand nombre de
consommateurs au partage des fruits de la
mer. Ces fruits, renchéris par l'insuffisance
de la récolte, prenaient sur nos marchés une
valeur surexcitée par la concurrence; et les
populations maritimes, pressées par le besoin

ou entraînées par les séductions d'un bénéfice présent, se livraient à des déprédations
qui, dans un avenir prochain, devaient aug-
menter leur misère.

Ainsi l'industrie huîtrière était arrivée à
une telle décadence que, sans un prompt
remède, toutes les sources de production
allaient être taries.

M. Coste, membre de l'Institut, déjà célèbre par ses travaux de repeuplement des
rivières, entreprit de conjurer le fléau. Le
mal était grand, bien grand; il eut la gloire
de lui opposer un remède plus grand que le
mal, par le merveilleux secret, non seulement de conserver et d'enrichir les bancs
naturels, mais encore de créer des bancs
artificiels, au moyen d'un ensemencement
général de toutes les côtes de France. Dé-
couverte inappréciable, immense et salutaire
révolution dans l'économie sociale et maritime, due à un procédé bien simple! Partant
de ce grand principe incontestable que la
mer peut être mise en culture comme la
terre, la méthode du savant M. Coste consiste à recueillir, à l'aide de faciles appareils,
toute ou presque toute l'abondante semence

des huîtres-mères, pour la répandre ensuite et la récolter plus tard dans les champs sous-marins, comme l'agriculteur sème et récolte son blé. La comparaison est exacte, et le procédé est à peu près le même.

Sans appareils collecteurs, dix ou douze embryons, même dans les années les meilleures, parviennent à peine à se sauver sur les valves de l'huître-mère. Tout le reste disparaît par millions, entraîné par les flots, enfoui dans les vases ou dévoré par les animaux. Les embryons sauvés ne sont rien en comparaison des embryons perdus. Le grand problème consistait donc à trouver un artifice qui permît de recueillir à peu de frais cette inépuisable semence et de la porter sur les fonds à peupler. M. Coste a su le résoudre par ses appareils qu'il modifie suivant les localités et les fonds sous-marins. Les immenses résultats obtenus jusqu'à ce jour dans l'île de Ré, dans la baie d'Arcachon, démontrent l'excellence des méthodes du savant pisciculteur.

Sans doute d'autres avant lui s'étaient livrés à des essais analogues : depuis un temps immémorial on retenait la progéniture

des huîtres à l'aide de clayonnages de bois
au milieu des bancs artificiels du lac Fusaro.
Des branches d'arbre plongées peut-être au
hasard dans l'Océan en avaient été retirées
garnies de semence après plusieurs mois de
séjour. Mais ces travaux isolés n'ôtent rien
au mérite de M. Coste. On sait que les découvertes arrivent pas à pas : l'aurore pré-
cède le soleil.

Avant M. Coste, on s'était livré à des
essais individuels. Il a opéré en grand sur
une vaste échelle. A lui le mérite de l'application et du perfectionnement.

L'avenir surtout nous apprendra ce que la
France et l'humanité doivent à son génie.

Sans tirer les conséquences qui découlent
de ces grands principes : que le domaine
des mers peut être mis en culture comme
les terres; qu'il peut facilement être transformé en une véritable fabrique de substance
alimentaire où l'industrie attire et fixe à son
gré la récolte dans les lieux qu'elle lui assi-
gne; que, par une souveraine application
des lois de la vie, les rivages de la mer sont
des champs de production capables d'alimenter tous les marchés du monde; que la

mer est assez riche pour engraisser toute la
terre; disons que, par une application de ces
grands principes à l'ostréiculture, M. Coste
a déjà créé sur le littoral de la France une
source incalculable de richesses, créé l'âge
d'or de l'ostréiculture, préparé une immense
et salutaire révolution maritime, industrielle
et commerciale, et qu'à ce titre il a sa place
au milieu des bienfaiteurs de l'humanité.

Ce rang, il ne l'aura pas conquis sans
obstacles. La contradiction est le passeport
de toute œuvre sérieuse. M. Coste en est
muni : il l'exhibe avec la modération et la
délicatesse de langage qui le caractérisent :
« Le dénigrement, dit-il, cet éternel parasite
de la vérité en ce monde, a voulu faire ran-
ger nos méthodes parmi les chimères, comme
il l'a essayé tour à tour pour toutes les
grandes découvertes qui sont aujourd'hui la
gloire et le trésor de l'humanité. » (Rapport
du 12 avril 1861.) Et ailleurs, rapport du
12 janvier 1859 : « Ce que la science con-
seillait comme une entreprise d'utilité publique, l'empirisme et la routine le condam-
naient d'avance comme une chimérique
témérité. »

Fort de la vérité, il n'a pas été découragé par les obstacles accumulés autour de lui. Il a poursuivi son œuvre, et, plus heureux que tant d'autres, il voit déjà le succès de ses méthodes : l'industrie marche dans la voie qu'il lui a tracée. Témoins les deux expositions des produits de la mer à Boulogne et à Arcachon en 1866.

59

III

Les huîtres dans la baie d'Arcachon.

Passé. — Présent. — Avenir.

Il est incontestable que, de tout le littoral
de la France, la baie d'Arcachon est, par
privilége de la nature, l'endroit le plus favo-
rable à l'ostréiculture; que, nulle part, les
méthodes de M. Coste n'ont été ni mieux
comprises, ni mieux appliquées en grand,
malgré les efforts de la routine, du dénigrement et du monopole; que l'industrie seule
des huîtres y est appelée à donner un revenu
considérable, et qu'à ces divers titres, cette
baie mérite un sérieux examen, une étude
spéciale et distincte.

1° *Elle est un grand centre de repeuplement.* Grâce à la qualité supérieure de ses
fonds sablonneux et coquilliers, à l'excellence
de ses eaux paisiblement agitées, les huîtres
s'y multiplient avec profusion et grandissent

vite ; ses quinze mille hectares de superficie pourraient être facilement convertis en un vaste champ huîtrier, véritable grenier d'abondance destiné à devenir, par la rapidité et la facilité des communications, le centre le plus actif des approvisionnements des marchés français et même étrangers.

2° Elle est non seulement un grand centre de reproduction, mais en même temps (et de là vient sa supériorité sur les autres points du littoral) *un lieu de perfectionnement* où ce mollusque acquiert de lui-même, tout naturellement, des qualités qui permettent de le livrer immédiatement à la consommation. Les manipulations, les préparations onéreuses, si nécessaires ailleurs, peuvent être ici supprimées. Quels avantages inappréciables !

3° *La qualité de ses produits est excellente.* Très estimées à Bordeaux et dans tout le midi de la France, nos gravettes ont un goût exquis. Cultivées à la manière d'Ostende, elles seraient nacrées, transparentes, fines, délicates comme les huîtres de ce nom.

Les terrains situés à l'est de l'île aux Oiseaux se prêteraient merveilleusement à la transformation de nos gravettes en huîtres vertes d'une qualité supérieure à celles de Marennes. Ce rapide aperçu trouvera son développement et sa démonstration dans l'étude du *passé*, du *présent* et de l'*avenir* de l'ostréiculture dans la baie d'Arcachon.

Passé. Cette baie a été de tout temps habitée par les huîtres, tant le sol et les eaux y sont en harmonie avec les habitudes de ces mollusques (¹). Ses huîtres portent le nom de *gravettes,* à cause du fond de graves

(¹) L'huître de gravette et surtout la moule, s'y multiplient avec une telle abondance, qu'elles y forment des bancs très grands, qui vont toujours croissant. Nous osons même assurer que ces deux espèces de coquillages finiraient par former des îles et encombrer le bassin, sans la pêche continuelle qu'on en fait. Il arriva quelque chose d'approchant il y a quelques années : nous voulons parler de l'époque où le Parlement de Bordeaux défendit cette espèce de pêche..... Pendant les deux années que dura l'interdiction, ces deux bivalves se multiplièrent tellement, qu'on les voyait par tas dans les ruisseaux, les rigoles, et jusque dans les fossés qui environnent le bassin, et dans lesquels la marée se faisait sentir. Il arriva même que, privés d'eau d'une lunaison à l'autre, ils périrent, se corrompirent, et altérèrent la pureté de l'air par les miasmes qui s'exhalèrent de leurs cadavres putréfiés. (Thore, *Promenade sur les côtes du golfe de Gascogne,* 1810, p. 9 et 10.)

et de sable qui les reçoit. Elles affectent une forme particulière qui les distingue des huîtres des autres parages. Dans la *gravette,* les deux valves s'allongent notablement en pointe du côté opposé à la charnière. Ces mollusques formaient autrefois, dans la baie, des bancs épais et étendus, et l'on regardait ces parages comme une mine inépuisable, lorsque plusieurs causes réunies déterminèrent insensiblement, ici comme sur tout le reste du littoral français, une décadence complète qu'il eût été facile d'éviter, mieux qu'à Granville et à Cancale, au moyen d'une bonne administration. Les populations riveraines, ne tenant aucun compte des règlements, se livraient à la pêche de ces mollusques, même à l'époque du frai.

Malgré cette puissante cause de destruction, la source aurait toujours été abondante si, pour combler les vides opérés sur les côtes de Bretagne et de Normandie, en Espagne, en Hollande, en Angleterre et ailleurs, un grand nombre de navires n'eussent pas transporté sur d'autres rivages les richesses de la baie. Un jour, au grand étonnement des habitants, la mine se trouva épuisée. Le

cent de belles huîtres, qu'on donnait naguère
pour 15 à 20 centimes, coûtait, en 1840,
3 francs. Encore, par leur rareté, n'étaient-
elles le partage que de quelques privilégiés.
*La vente annuelle ne dépassait pas un
millier de francs.*

Malgré les efforts très louables de plusieurs particuliers, cette industrie se trouvait
menacée d'une ruine prochaine, lorsque le
savant pisciculteur M. Coste reçut de S. M.
l'Empereur la mission d'étudier la baie
d'Arcachon au point de vue de la pisciculture
maritime.

M. Coste fit ses études au mois d'octobre
1859, et adressa, le 9 novembre suivant,
à M. le ministre de la marine, un rapport
dans lequel la baie est signalée comme *un
véritable grenier d'abondance où l'on pourra
créer quand on le voudra, sur les huit cents
hectares de terrains émergents susceptibles
d'être mis en exploitation, un revenu annuel
de 15 millions.* M. Coste ajoute : « Quelle
richesse pour la France et quel exemple pour
les peuples!... Un bien simple aménagement,
une bonne garde et une grande installation
d'appareils collecteurs de semence, donne-

ront cette richesse et ce salutaire exemple.
Le problème consiste à trouver un moyen
économique d'accumuler un grand nombre
d'embryons en des espaces restreints, et de
les extraire aisément de ces reposoirs tran-
sitoires. Il faut, en un mot, organiser de
véritables ruches où l'huître-mère répande
sa progéniture comme la reine-abeille son
couvain sous des cloches articulées pour l'en-
lèvement des essaims : appareils de précision qui mettent la nature à l'abri de toute
perturbation et portent l'industrie jusqu'en
la demeure de l'homme, là où les eaux
salées, rafraîchies par une communication
avec la mer, sont retenues par artifice. Avec
de pareils moyens, il n'y a plus un seul
point, si réfractaire qu'il soit à la fixation du
naissain, où l'on ne puisse désormais élever
et multiplier le coquillage.

» Quoique la baie d'Arcachon puisse être
entièrement convertie en une vaste huîtrière,
il y a deux emplacements cependant, la
pointe de *Germanan* et l'espace compris
entre *l'estey de Crastorbe* et le port de l'île
aux Oiseaux, qui sont encore plus favorables
que les autres à la reproduction. Les fonds

vasards et coquilliers de leurs crassats et de
leurs chenaux se prêteront admirablement à
toutes les expériences.

» J'ai donc l'honneur de proposer à Votre
Excellence que les agents de l'administration
procèdent immédiatement à l'organisation de
deux espèces de fermes-écoles qui seront à la
fois des semoirs publics et de grands canton-
nements pour la concentration de la récolte...

» Mais pour que la production emprunte
à toutes les forces vives ses moyens d'ex-
pansion, il sera bon aussi d'admettre, dans
une certaine mesure, la spéculation elle-
même au bénéfice des concessions, en l'obli-
geant partout à l'association avec les pêcheurs
dont les droits seront garantis par des
contrats passés devant l'autorité dont ils
relèvent. En sorte que, sans rien aliéner, le
Gouvernement pourra ouvrir largement la
voie et y attirer ceux que le spectacle des
prospérités de l'industrie déterminera à s'y
engager.

» Avec des moyens d'action efficaces et le
concours de l'industrie privée, une subven-
tion de 20,000 fr. permettra de transformer
en deux ans, au profit de tous et à l'honneur

du Gouvernement qui aura donné les mains
à une pareille entreprise, le bassin d'Arcachon en un véritable grenier d'abondance. »

Tels sont les principaux passages de ce
Rapport, qui fut inséré au *Moniteur universel*.
Il eut un grand retentissement en France,
surtout à Paris, et une ère nouvelle com-
mença pour l'ostréiculture dans notre baie.
La spéculation se précipita vers cette con-
trée. Les bureaux de l'inscription maritime
furent bientôt assaillis de demandes de
concessions de dépôts. Parmi les solliciteurs
se trouvaient de hauts fonctionnaires, de
riches capitalistes. L'autorité modéra l'élan
des spéculateurs, fit des règlements très
onéreux pour les capitalistes, extrêmement
favorables en apparence aux marins, funestes
à l'ostréiculture, et finit par restreindre pro-
visoirement le nombre des concessions.
Toutefois, elles s'élèvent à cent douze, com-
prenant 400 hectares de terrain sur les 6 ou
800 hectares bons pour la reproduction des
huîtres.

Donc, sans méconnaître les services ren-
dus à l'ostréiculture par plusieurs particu-

liers, disons cependant que M. Coste doit
être regardé comme le véritable fondateur
de l'ostréiculture dans notre baie. Il est pour
elle ce qu'un autre génie fut pour nos dunes,
le *Brémontier* du bassin d'Arcachon.

PRÉSENT. Contemplons la baie au moment
de la pleine mer. Elle présente l'aspect
d'une petite mer intérieure d'environ 100
kilomètres de circonférence et 1,500 kilomètres carrés de surface, participant au
flux et au reflux de l'Océan. Sur la moitié
de cette vaste baie, du côté du levant, dans
la partie comprise entre Arcachon, l'île aux
Oiseaux, Piquey, Audenge, Gujan et La
Teste, on remarque une centaine d'habita-
tions flottantes, au dessus desquelles s'élève
une colonne de fumée semblable à celle de
la cheminée d'un petit bateau à vapeur. Ce
sont des pontons servant de logement aux
gardiens des dépôts. Ordinairement, ces
pontons se trouvent placés vers le centre de
ces étroits mais riches domaines, composés
d'environ 4 hectares. Une balise, surmontée
d'un grand numéro d'ordre peint en blanc
sur un fond noir, est plantée à l'une des

extrémités de chaque propriété, et reste
apparente même aux plus hautes marées.
Des jalons en branches de pin, distribués de
distance en distance, et décrivant tantôt des
cercles, tantôt des trapèzes variés, fixent les
limites de chaque parc.

Voici le moment où la baie a changé
d'aspect : les eaux ont repris leur route vers
l'Océan ; c'est l'heure de la basse mer. Les
crassats (bancs de sable) sont à nu, et les
pontons se trouvent à sec. De tous côtés,
sur les parcs, on voit les marins, leurs
femmes et leurs enfants, occupés dans ces
domaines : ils ressemblent à des groupes
de glaneurs dans un champ. Allons étudier,
sur les lieux, l'ingénieuse industrie de l'élève
des huîtres.

Cette culture a la plus grande analogie
avec celle des terres. La connaissance du
terrain, sa préparation, les semailles des
huîtres-mères, la récolte du naissain, le
détroquage ou désagrégation des jeunes
huîtres, leur distribution sur d'autres fonds,
la destruction des coquillages et des végé-
taux qui pourraient les étouffer ou leur nuire,
établissent une ressemblance frappante entre

l'agriculture sous-marine et l'agriculture proprement dite. On cultive une huître comme un grain de blé.

Dans ces métairies sous-marines, un intervalle de 15 mètres sépare les dépôts de la laisse des basses mers. Un chemin de service d'un mètre environ de large, pour la circulation et l'exploitation, se trouve entre les divers dépôts. Chaque parc est comme un jardin divisé en compartiments, ou carreaux, limités par des jalons ou par d'étroits sentiers.

Dans les compartiments les plus rapprochés des chenaux se trouvent des appareils collecteurs, espèces de pépinières, de ruches, de réservoirs ou de greniers destinés à recueillir le naissain, c'est à dire la graine. Dans d'autres, on rencontre les huîtres qui sont adhérentes les unes aux autres, et qu'il faut séparer ou *détroquer*. Ici, c'est le carreau des jeunes mollusques; là, est celui des mollusques plus avancés en âge; plus loin est le compartiment des huîtres marchandes.

Parmi les ouvriers de ce domaine, les uns s'occupent des appareils collecteurs, les déli-

vrent de la vase, des herbes, des vers, qui
étoufferaient le naissain ; les autres recueil-
lent la semence que ceux-ci *détroquent,* que
ceux-là distribuent dans le dépôt. Les derniers jouent le rôle des moissonneurs en
recueillant les huîtres qui vont être livrées
à la consommation.

Mais pour mieux comprendre cette agriculture *sous-marine,* étudions-la dans les
deux fermes modèles établies en 1860 aux
frais de l'État, au centre de la baie d'Arcachon, entre Arès et l'île aux Oiseaux. Ces
deux parcs impériaux, qui ont ensemble
vingt-deux hectares de superficie, s'appellent
le *Grand Cès* et *Crastorbe. Crastorbe,* qui
comprend douze hectares, est sur les *crassats*
nord-est de l'île aux Oiseaux. *Grand Cès,*
situé au nord de *Crastorbe,* a dix hectares
de superficie. Dans ces deux parcs, le Gouvernement s'occupe en grand de l'élève des
huîtres, conformément aux instructions de
M. Coste.

Dans chacune de ces fermes se trouve un
ponton ou chaloupe pontée, à deux compartiments ou chambres pour ceux qui surveil-
lent et qui contribuent au service de l'exploi-

tation. Un grand nombre d'appareils collecteurs de tout genre couvrent des terrains
choisis et préparés d'avance.

Nous avons vu que les jeunes huîtres, en
quittant les valves de la mère, errent cà et
là au sein des eaux, et semblent y chercher
des conditions propres à faciliter leur adhé-
rence et leur développement ultérieur, c'est
à dire des corps solides, offrant des surfaces
légèrement rugueuses bien propres, et à
l'abri de l'envahissement des vases. C'est
pour créer de semblables conditions, sans
lesquelles ces mollusques périssent infailliblement, qu'ont été imaginés les appareils
collecteurs. Afin d'éviter les dangers d'une
trop longue exposition aux fortes chaleurs ou
au froid rigoureux, les gardiens ont choisi,
dans la partie la plus déclive des fermes, les
endroits qui découvrent le moins, sont rem-
plis d'herbes marines et ont toujours des
filets d'eau. Les divers appareils y sont mis
en place peu de jours avant l'époque active
de la reproduction, c'est à dire au mois de
juin ou au commencement de juillet, selon
les chaleurs de la saison. Plusieurs milliers
d'huîtres mères, objet d'un choix particulier,

sont déposées sur ces fonds, par rangées parallèles, entre lesquelles sont ménagés des chemins pour la libre circulation des agents de l'exploitation.

Au-dessus de ces plates-bandes se trouvent alignées bout à bout des caisses de trois mètres de long sur deux de large et cinquante ou soixante centimètres de profondeur, construites en planches de pin, défoncées par la partie inférieure, et maintenues par des pieux à une certaine hauteur du sol (35 ou 40 centimètres). Plusieurs de ces caisses reçoivent suspendues dans l'intérieur les fascines que leur capacité comporte. D'autres sont vides; mais le ciel de leurs planchers, déchiré en copeaux adhérents, naturels ou goudronnés, offre au naissain des lambeaux fragiles qui remplacent les fascines. D'autres ont le ciel des planchers non seulement déchiré en copeaux goudronnés, mais encore couvert d'une foule de petites coquilles. Ailleurs, les appareils se composent d'une simple charpente plate recouverte en tuiles creuses, sous lesquelles on a placé des huîtres mères. Chaque rangée d'appareils est protégée par une enceinte ou

clayonnage qui arrête le frai, les algues, les
vases, les éléments qui troubleraient le travail des huîtres.

Le frai des mères, emporté par les molécules d'eau, s'élève, et vient s'attacher aux
tuiles, aux fascines, au ciel des collecteurs.
Ainsi fixé, l'embryon se développe. Huit ou
dix mois après la ponte, les jeunes huîtres,
ayant pris un accroissement convenable, on
démonte les appareils, on détache les huîtres
pour les semer dans les parcs, et les collecteurs bien nettoyés sont remis en magasin
jusqu'à la saison suivante.

De tous les appareils usités dans les
fermes modèles, les meilleurs sont les *ruches*
ou collecteurs recouverts de tuiles. (Il faut
préférer les tuiles *mastiquées*.)

Les coquilles d'*huîtres* ou de *sourdons,*
bien nettoyées et semées dans les parcs au
moment des pontes, sont encore un excellent
collecteur.

Telles sont les leçons de l'expérience.

Voici les résultats obtenus dans les deux
parcs impériaux de *Crastorbe* et du *Grand
Cès :*

De 1862 à 1865, on a retiré près de huit

6

millions d'huîtres pour ensemencer diverses localités voisines ou éloignées.

Néanmoins, tout en faisant *largement* la part de la mortalité, etc., il reste aujourd'hui dans ces deux fermes modèles environ vingt millions d'huîtres, conformément au tableau suivant puisé à bonne source :

Parc de Grand Cés.

Huîtres mères qui s'y trouvent.............	3,788,000
Au-dessous de la taille marchande........ { sur le sol..........	1,142,000
attachées aux coquilles, etc......	753,720
Naissain......................................	5,892,730
Total..........	11,576,450
Il y avait naturellement........ 600,000	
On y a semé huîtres mères..... 500,000	
	1,100,000
Sans compter les huîtres enlevées du parc : *production*.........................	10,476,450

Parc de Crastorbe.

Huîtres mères qui s'y trouvent.............	1,792,000
Sur le sol..............................	336,000
Attachées aux coquilles et piquets, etc......	524,160
Naissain...........	1,834,560
Total..........	4,486,720
Il y avait naturellement........ 400,000	
On y a semé huîtres mères.... . 500,000	
	900,000
Sans compter les huîtres enlevées : *production*.........................	3,586,720

En résumé, les deux parcs ont............ 14,063,170
On a enlevé des parcs.................... 7,651,102
                                          ————————
      Total de ce qu'ils ont eu.......... 21,714,272
Mais il en existait ou on a jeté............ 2,000,000
                                          ————————
La production a donc été................. . 19,714,272

C'est à dire en chiffres ronds 20 millions.

Estimez le million d'huîtres vingt mille francs ou *deux francs le cent*, et vous arriverez à un revenu brut de quatre cent mille francs. Voilà certes des chiffres qui parlent plus éloquemment que tous les commentaires.

Mais parlons d'un autre parc impérial plus récent, sur lequel j'appelle toute l'attention des lecteurs. M. Coste avait résolu, *sur un fond riche et naturellement huîtrier,* un grand problème d'ostréiculture.

Mais il importait surtout de le résoudre sur des terrains, *naturellement ingrats, réputés mauvais.* Il fallait démontrer que ses méthodes pouvaient convertir les fonds les plus stériles en riches champs huîtriers. M. Coste l'a entrepris à *Lahillon,* et ses efforts ont été couronnés d'un éclatant succès.

Parc impérial de Lahillon. Situé au nord-est de l'île aux Oiseaux, *Lahillon*, ainsi nommé à cause de sa ressemblance avec un instrument des charpentiers, du pays, est un *crassat* d'environ trois kilomètres de long sur cent quarante mètres de largeur moyenne (superficie, quarante hectares).

Les grandes marées seules le laissent à nu. Il est couvert d'un limon très boueux, rempli de hautes herbes marines et signalé comme la patrie des redoutables ennemis des huîtres, les *courmaillaux*. Tout semble concourir à lui donner une mauvaise réputation huîtrière. Une prime est offerte aux marins pour chaque huître, qu'ils y trouveront. Ils n'en découvrent aucune, et les huîtres qu'on y dépose y deviennent noires et meurent dans peu de jours. Voilà donc un terrain qui mérite la triste réputation dont il jouit. C'est là même, dans la partie sud-ouest de *Lahillon*, que M. Coste a résolu d'appliquer ses méthodes et de créer une ferme modèle.

L'équipage du brick le *Léger* va reconnaître les lieux au mois de juin 1863.

Transformés en vrais jardiniers, les hom-

mes du brick mesurent au cordeau un carré
long de quatre hectares de superficie. Au
milieu de ce carré, ils tracent une grande
avenue qui doit être comme l'artère princi-
pale à laquelle vont se rattacher des sentiers,
tantôt parallèles, tantôt perpendiculaires,
servant d'encadrement à des carrés pareils à
ceux des jardins. Les lignes sont tirées, les
avenues et les sentiers marqués, les carreaux
dessinés comme dans un vaste jardin. Les
ouvriers travaillent; ils arrachent les mauvaises herbes et donnent la mort aux animaux nuisibles. Dans une seule marée de
deux heures, douze marins prennent qua-
torze mille six cents *animaux perceurs*
(courmaillaux).

Les patins aux pieds, une bêche à la
main, ils travaillent le sol et le creusent à
une profondeur moyenne de quinze centimètres, jusqu'à la rencontre des sables
coquilliers. La vase est déposée par couches
dans les allées pour les exhausser.

Le terrain est préparé. Devenus charpentiers, nos marins établissent de distance en
distance, dans les carreaux, de légères char-
pentes de 50 ou 60 centimètres de hauteur,

qu'au moment de la ponte des huîtres ils
couvrent de tuiles creuses mastiquées.

L'heure des semailles est arrivée : les
huîtres mères lâcheront bientôt leur couvée.
Nos habiles semeurs choisissent les plus
belles, et les disposent régulièrement dans
les ruches qui les attendent. En même temps,
ils répandent abondamment sur le sol des
coquilles propres (huîtres et sourdons) avec
des débris de tuiles destinés à servir de collecteurs du naissain, qui ne se fixera pas
dans les ruches.

Voyons maintenant le résultat de ces
travaux dans ce fonds reconnu si ingrat et
transformé en véritable jardin par l'industrie
humaine.

Nous sommes en septembre 1865. Voici
la ponte des 500,000 huîtres mères qui ont
été déposées dans le parc en 1863 :

Jeunes huîtres sur les tuiles.........	1,259,248
Jeunes huîtres sur les huîtres mères..	2,680,000
Sur les coquilles et les piquets.......	1,246,000
Huîtres nées l'année précédente.....	1,000,000
Il avait été déposé huîtres mères.....	500,000
Total........	6,685,248

Évaluons les dépenses faites jusqu'à ce jour :

1866 marées de 2 h. à 1f 50..	2,799f,	mettons.	3,000f
Frais de gardiennage........	2,600	id....	2,600
Achat de lillole........ 800 à	1,000	id....	1,000
Corvées de bigorneaux......	1,485	id....	1,500
20,000 t iiles.............	1,100	id....	1,100
500,000 huîtres mères semées.	20,000	id....	20,000
Total........	28,984f	soit....	29,200f

Pour avoir un compte rond, montons à 30,000 fr.

La formation de cette ferme modèle, en tenant les prix de revient aussi haut que possible, a coûté jusqu'à ce jour 30,000 fr.

La récolte s'élève à 6,685,248 huîtres. Notons qu'une grande quantité de naissains, fixés à des points imperceptibles ou cachés dans le sol du parc, n'ont pu être comptés ; que l'estimation de la quantité de la ponte est plutôt faible que forte. Indépendamment de ces observations, faisons la part de la mortalité et du temps voulu pour que la couvée soit en état de paraître sur le marché.

En conséquence, ne comptons que cinq millions d'huîtres.

Au prix actuel, cinq millions d'huîtres représentent. . . . . F. 200,000
Si nous en défalquons 30,000
pour les dépenses d'installa-
tion, etc., il nous reste. . . . . F. 170,000

Allons plus loin : supposons, si vous le voulez, une année exceptionnelle comme pertes et dépenses; qu'il y ait une perte d'un quart, nous aurons 120,000 fr. Retranchez encore de ce chiffre un quart pour imprévu, il vous restera 90,000 fr. ; ajoutez aux frais de garde et de corvées 4,500 fr., et aux faux frais 500 fr. Le résultat sera encore de 25,000 fr. *en trois ans,* c'est à dire un produit de 4,000 fr. environ par hectare pour 750 fr. de dépense; en un mot, plus de 300 0/0 de bénéfice net. Y a-t-il beaucoup d'industries aussi riches de leur nature?

Si ces résultats paraissaient surprenants aux lecteurs, je prendrai la liberté de leur dire : Souvent, très souvent, j'ai entendu de véritables ostréiculteurs, comme MM. Chaumel, lieutenant, commandant le brick le *Léger;* Blacas, 1er maître de timonerie sous les ordres de M. Chaumel (ils ont fait leurs preuves dans le parc impérial de *Lahillon,* qui est leur ouvrage), je les ai entendus affirmer qu'un hectare de *crassats*, bien cultivé, doit produire un revenu annuel de dix mille francs. Rappelons-nous le fait de Sergius Orata dans le lac Lucrin ; et n'oublions pas que, *tant vaut l'homme, tant vaut le champ*, surtout quand il s'agit du domaine naturellement si fertile des mers.

Ces résultats extraordinaires, obtenus sur le parc de *Lahillon*, que sont-ils en comparaison de ce qui aurait lieu si toute la baie était concédée.

AVENIR. — L'avenir de l'ostréiculture dans la baie d'Arcachon est tout entier dans cette parole de M. Coste (rapport du 9 novembre 1859) : « *On pourra créer quand on le voudra, sur les 800 hectares de terrains émergents susceptibles d'être mis en exploitation dans la baie d'Arcachon, un revenu de 12 à 15 millions.* »

Laissons au savant professeur d'embryogénie au Collége de France le soin de mettre en relief cette importante vérité : « Grâce aux appareils collecteurs, cette industrie, dit-il, est dès à présent en mesure de retenir

plus de cent mille embryons par chambre
d'un mètre cube de capacité. En sorte que,
avec un simple outillage de douze à quinze
ruches de cette dimension, elle obtient le
million de sujets qu'elle peut élever par hectare. Or, ce nombre d'huîtres représentant
dans les parcs, quand elles y sont devenues
marchandes, une valeur de 25,000 fr. au
moins, il s'ensuit que les 800 hectares doivent produire un revenu annuel de 12 à 15
millions. »

Observons que, pour fournir annuellement
un million d'huîtres à la consommation, un
hectare doit en posséder deux ou trois millions simultanément, parce que, ordinairement, elles ne sont vendables qu'à la troisième année. Or, un hectare admet facilement ce nombre. En effet, pour être mar-
chande, une huître doit avoir 6 ou 7 centimètres de diamètre. Supposons qu'elle occupe une superficie de 10 centimètres carrés,
il en entrera cent dans un mètre carré et un
million dans un hectare qui comprend
10,000 mètres carrés. Mais ce million d'huîtres, ne couvrant par le fait que les deux
tiers de la superficie, il y aura place sur

l'autre tiers pour le million qui, à cause de son âge et ses faibles dimensions (3 à 4 centimètres de diamètre), devra être mis en vente seulement l'année suivante.

Ajoutons qu'un hectare ainsi organisé et bien nettoyé au moment de la ponte sera un excellent collecteur, et se couvrira infailliblement d'un nombre d'embryons égal et même supérieur au million nécessaire pour la troisième année.

De plus, comme en bonne ostréiculture on peut très bien superposer jusqu'à un certain point les huîtres dans les dépôts, il s'ensuit qu'un hectare de terrain comporte non seulement un ou deux millions de ces mollusques, mais encore plusieurs millions. Par conséquent, un hectare de terrain peut fournir annuellement un million d'huîtres comestibles, quand même il ne serait pas également bon et couvert dans toutes ses parties.

Sans doute on aurait tort d'attribuer une fertilité sans reproche aux 800 hectares en question. Tous ne sont pas susceptibles de donner régulièrement un million d'huîtres.

D'ailleurs, les récoltes des mers ont leurs

vicissitudes comme celles des terres. Par
suite d'un ensemble de circonstances atmos-
phériques, les années se suivent et ne se
ressemblent pas. Il y a des années d'abondance et des années de disette. Les unes
sont bonnes, les autres mauvaises, et d'autres moyennes. Les années d'abondance
naturelle des huîtres sont rares et n'arrivent
que tous les cinq ou six ans.

Mais remarquons bien que l'ensemble de
la baie doit combler largement le déficit
provenant des terrains ingrats et des années
stériles.

De plus, grâce à la prodigieuse quantité
de *naissain* semé de tous côtés par les huîtres mères des dépôts concédés, des dépôts
naturels, et surtout des parcs impériaux, les
quinze mille hectares de superficie que le
bassin comporte deviendront une vaste huîtrière si les fonds au moyen de la drague
sont nettoyés. Ici se présente une observation importante :

Les procédés de mise en culture des *fonds
émergents* ne s'appliquent pas aux *fonds immergents,* c'est à dire toujours submergés,
comme les *chenaux* par exemple. Les *fonds*

immergents doivent être labourés, délivrés de la vase, des animaux nuisibles à l'aide de la drague. Tel est le secret de la mise en culture de la mer jusqu'à une grande profondeur. On peut fertiliser ces champs sous-marins et les enrichir d'huîtres à profusion. C'est incontestable. En effet, on permit, il y a quelques années, le *draguage* à fond d'une huîtrière de *Generf* (Morbihan), qui paraissait sur le point de s'éteindre.

Ce travail remua la vase, purifia le sol, et l'huîtrière redevint prospère comme dans le passé. Ce seul fait (et nous pourrions en citer un grand nombre) démontre que toute la baie peut être convertie en un vaste champ huîtrier. *Étudions* les moyens d'élever l'ostréiculture à sa plus haute puissance.

1° *Multiplication des parcs*. La baie renferme environ 600 hectares de fonds excellents par eux-mêmes. 422 hectares étant déjà concédés, il en reste sans emploi 178 qui serviraient, à raison de 4 hectares par dépôt, c'est la dimension convenable, à former 44 nouvelles concessions. Le naissain provenant des nouveaux et des anciens parcs se répandrait abondamment dans toute la

baie pour la peupler, et les pêches autori-
sées en dehors des dépôts, produiraient toujours dans les proportions des concessions
faites. Il importe donc beaucoup de livrer à
l'industrie privée, aussitôt que possible, les
178 hectares en question.

Cette mesure serait loin d'être funeste aux
marins. Les chances si précaires de gain
que leur donne aujourd'hui la pêche générale ne seraient point diminuées. Au con-
traire, si l'administration de la marine en-
trait dans cette voie nouvelle, chaque année
une somme considérable passerait dans les
mains des marins appelés nécessairement à
faire la majeure partie, sinon la totalité des
travaux de défrichement, de garde et de
culture de ces nouvelles concessions.

Le défrichement, à raison de 750 fr. l'hectare,
donnerait............................ F.   150,000
Les frais de garde et le travail de quatre hommes................................... 130,000
Les corvées, à 1,500 fr. par concession....... 75,000

TOTAL............. F.   355,000

La multiplication des dépôts cultivés dé-
truirait infailliblement une quantité considérable d'ennemis des huîtres. C'est ainsi qu'on

atténuerait, s'il n'était pas possible de les annihiler, les dégâts extraordinaires qu'ils font aujourd'hui. Ce fait une fois accompli, les industriels ne manqueraient pas de faire de nouvelles demandes. Alors, l'administration mettrait à leur disposition les terrains qui ne découvrent pas ou qui découvrent trop longtemps; elle travaillerait à rendre propres à la culture des huîtres les vastes bancs de graves sablonneuses qui s'étendent du cap Ferret vers Arès, ainsi que les prés salés.

Pour obtenir ce précieux résultat, que faudrait-il? Un certain nombre d'huîtres mères seraient submergées dans les fonds qui ne découvrent jamais. Soumise aux diverses pratiques d'une exploitation régulière, cette métairie, tout à fait sous-marine, serait pavée d'écailles d'huîtres ou de tout autre coquillage, ou bien encore de cailloux et de tuiles creuses, de manière à ce qu'il ne pût y tomber un seul embryon sans y rencontrer un corps solide pour s'y fixer. De longues lignes de fascines, disposées en travers, comme des barrages échelonnés d'une extrémité à l'autre de chaque dépôt,

pourraient y être placées; ces fascines for-
meraient de véritables appareils collecteurs
de semence. Les huîtres seraient endiguées,
parquées, engraissées dans les fonds que la
mer découvre longtemps. Les bancs de sable
et les prés salés, véritables champs destinés
à l'agriculture maritime, subiraient les préparations que comporte l'élève des huîtres.
Dans ce but, on prendrait au fond des chenaux le trop plein de vase et d'herbes, pour
le transporter sur les terrains purement sablonneux qui deviendraient ainsi favorables
aux huîtres. Dans les prés salés, on dépose-
rait la vase, les herbes; on creuserait des
réservoirs pour mettre ces mollusques à
l'abri des rigueurs de l'hiver et des chaleurs
de l'été. Là encore, aussi bien que dans la
partie *Est* de l'île aux Oiseaux, il serait
possible d'obtenir des huîtres vertes.

2° Multipliez donc les dépôts; *mais surtout multipliez les huîtres dans les dépôts.*
Cette considération est de la plus haute importance. En effet, un parc bien rempli et
bien soigné constitue un des meilleurs appareils collecteurs de semence. De plus,
qu'il soit peu ou abondamment fourni, les

frais généraux d'embarcation, de surveillance et d'entretien sont à peu près les mêmes. Mais les revenus sont bien différents.

Ne perdons pas de vue ce que nous avons dit plus haut : « D'après les hommes compétents, un hectare cultivé selon toutes les règles de l'ostréiculture doit produire un revenu annuel de dix mille francs. » Ne prenons que la moitié de ce chiffre. Voilà donc des métairies sous-marines de quatre hectares de superficie, susceptibles de donner un revenu de vingt mille francs. Telle a été toujours notre opinion. Le temps et l'expérience sont venus la corroborer.

Multipliez donc les huîtres sur les dépôts conformément aux données de la science.

Mais la *quantité* ne doit pas faire oublier la *qualité*.

Règle générale, les gravettes du bassin d'Arcachon sont préférables aux huîtres étrangères. Dans la baie, celles des terrains émergents l'emportent de beaucoup sur celles qui sont constamment ou presque constamment dans l'eau. Avant d'être livrées à la consommation, les huîtres des fonds immergents doivent être manipulées dans les parcs. *Détroquez* ces mollusques avant qu'ils aient pris une forme irrégulière. Changez-les souvent de place ; tenez-les bien propres, bien aérées, vous résoudrez ainsi le grand problème de la qualité des huîtres, problème qu'un bon gardien doit travailler à résoudre avec une persévérance infatigable.

3° *Gardien.* Le gardien est l'âme, *la vie* d'un parc. Il dispose de la fortune de ses maîtres. Qu'il s'attache à bien comprendre que son rôle ne se borne pas à prévenir et réprimer les fraudes. Si telle était son unique mission, l'intérêt évident des parqueurs serait d'avoir tout simplement quelques *gardes-jurés* qui exerceraient une surveillance largement suffisante, et économiseraient annuellement à l'ensemble des industriels une somme de soixante mille francs. Le rôle des gardiens ne s'arrête donc pas à la surveillance. Ils ont à remplir un mandat autrement important, *et ils sont avant tout cultivateurs.* Un petit mais riche domaine est confié à leurs soins. Sans cesse ils doivent l'étudier pour en connaître le fort et le faible, les bons et les mauvais terrains, ceux qui favorisent le repeuplement, ceux où les huîtres se développent, s'engraissent et prennent la forme et le goût exquis des gravettes. Un bon cultivateur trouve *toujours* matière à s'occuper de son domaine sous-marin, et la diversité des saisons fait seulement varier la nature de ses travaux. Ces travaux n'ont pas, toute l'année, le même degré d'importance et de nécessité. Multipliés à l'époque des semailles (juin et juillet), et surtout à celle de la récolte (de septembre à avril), ils accordent un peu de repos dans la saison du frai (de juillet à septembre). Toutefois, même alors, l'emploi du temps est facile à trouver. Tout en s'abstenant autant que possible de parcourir le dépôt même avec des patins, afin de ne pas troubler la ponte des huîtres, néanmoins il faut veiller toujours à ce que la vase, les sables, les herbes, et surtout les poissons ennemis, ne l'envahissent pas.

Mais les grands travaux commencent en septembre et se prolongent jusqu'au mois de juillet. Une inspection générale de toute la propriété doit en signaler l'ouverture. Le sol est aussitôt purgé des matières inutiles ou nuisibles. D'un côté on enlève le trop plein de vase pour le transporter sur un fond purement sablonneux ; de l'autre, on élague les mauvaises plantes, on arrête ou on détourne des courants, on ménage sur certains points des filets d'eau pour alimenter le parc aux heures des basses mers. Après ce travail préparatoire, les huîtres-mères, devenues maigres, sont mises comme au pacage pour être engraissées. On change souvent de place tous ces mollusques pour les polir, les faire croître et les rendre meilleurs. Chaque âge a son compartiment. Environ dix mois après les pontes, il faut extraire le naissain des collecteurs et les semer dans ses carreaux. Des occupations de cette nature exigent plusieurs ouvriers. Le gardien les surveille, les dirige, distribue à chacun son rôle. Les uns nettoient les appareils, les autres détroquent les huîtres ; ceux-ci les sèment, ceux-là font le triage, choisissent les huîtres marchandes, les disposent dans des paniers ; d'autres les livrent à la consommation. Tous font la guerre aux ennemis des huîtres.

Ce rapide aperçu démontre suffisamment que le *gardien* est l'âme, la vie d'un parc ; qu'il tient dans ses mains la fortune de ses

maîtres; que le choix d'un garde est de la
dernière importance; qu'il doit être rému-
néré, encouragé selon son mérite; qu'il ne
faut rien négliger pour entretenir et déve-
lopper en lui l'amour de son emploi.

En réalité et dans toute l'acception du
mot, il est plutôt cultivateur que gardien.
Ce gardien est même un cultivateur par
excellence. Nous l'appellerons un *jardinier*.

En effet, comme nous l'avons déjà vu,
son riche domaine sous-marin est un vrai
jardin à tous les points de vue.

Nous lisons dans l'intéressant rapport du
docteur Soubeiran à la Société d'acclimatation (séance du 29 décembre 1865), sur
l'ostréiculture à Arcachon : « Lorsque nous
avons, le 1er décembre, visité les parcs impériaux d'Arcachon, nous avons pu vérifier
la splendeur de la récolte qui s'y prépare,
et nous avons admiré leur aménagement,
qui nous a rappelé celui des jardins maraî-
chers des environs de Paris, si bien orga-
nisés pour nous donner la plus grande quantité de produits possible.

» Nous étions en effet au milieu d'un jardin, avec ses allées et ses sentiers disposés

de la façon la plus heureuse pour faciliter le travail et la surveillance; et nous pouvions nous promener au milieu de ces plate-bandes, d'une horticulture nouvelle, produisant des huîtres au milieu des plantes; et encore l'illusion eût-elle été possible, puisque là des anémones de mer aux teintes variées s'épanouissaient à la lumière et semblaient former des fleurs qui se détachaient par leurs éclatantes couleurs sur le vert foncé des herbiers et des algues. »

4° Concluons avec le docteur Cloquet. Le bassin d'Arcachon n'est pas seulement un grand centre de production où l'huître se multiplie avec profusion; il est en même temps un lieu de perfectionnement où le coquillage acquiert des qualités de forme et de goût qui permettent de le porter sur le marché sans autres préparations. Toutes les manipulations qu'on est obligé de lui faire subir partout ailleurs pour lui donner ces qualités sont ici supprimées (¹).

La baie d'Arcachon peut être transformée en un vaste magasin de substance huîtrière

(¹) J. Cloquet; *Bulletin de la Société d'acclimatation,* t. VIII, p. 75. 1861.

au profit du pays, et dans l'intérêt si majeur de la consommation publique, mais à la condition que tous les terrains *émergents,* tous les fonds qui ne sont pas nécessaires à la navigation, seraient *concédés sans distinction de titre ou de qualité.*

Si le génie industriel, grand ami de la paix et de la liberté, ne sème pas paisiblement ses trésors partout où les intérêts de la navigation peuvent le permettre, jamais on ne verra les prédictions du célèbre M. Coste se réaliser, jamais cet incomparable domaine ne donnera les produits qu'il promet.

Terminons ce travail par les considérations suivantes du docteur Soubeiran : « Si nous désirons vivement que le cercle dans lequel est enfermée la liberté d'action des marins soit élargi, nous faisons des vœux aussi sincères pour que l'administration de la marine mette les concessionnaires dans les conditions du droit commun, nouvelles conditions indispensables, selon nous, à la prospérité de l'industrie huîtrière. Elles consisteraient à leur concéder des espaces plus ou moins restreints, pour un temps déterminé ou à toujours. Les particuliers alors ne craindraient plus (n'étant plus sous le coup d'un retrait imminent de concession) comme aujourd'hui, de se livrer à toutes les améliorations, à tous les travaux qui devraient profiter à la fois à l'industrie publique et privée.

» L'État pourrait ainsi percevoir un certain impôt sur les terrains concédés ; et l'administration pourrait de son côté se réserver, moyennant indemnité, le droit d'expropriation avant l'expiration du terme de la concession. »

Entourés de garanties suffisantes, les capitaux se précipiteraient vers le riche domaine des mers pour le cultiver. Sans parler des autres rivages, nous verrions se réaliser dans la baie d'Arcachon les prévisions de M. Coste : « *On pourra créer, quand on le voudra, sur les huit cents hectares de terrains émergents susceptibles d'être mis en exploitation dans la baie d'Arcachon, un revenu annuel de douze à quinze millions.* »

FIN.

TABLE

PUBLICATIONS

DE LA LIBRAIRIE FÉRET

15, cours de l'Intendance, 15

A BORDEAUX

SOUS PRESSE :

BORDEAUX ET SES VINS

classés par ordre de mérite

Par Ch. COCKS.

NOUVELLE ÉDITION, REVUE ET CORRIGÉE PAR F. P***

Bordeaux. — Imp. G. Gounouilhou, rue Guiraude, 11.